牡蛎紫菜羹

三彩蜇皮丝

双鲜紫菜汤

U0207603

海带炒鸡丝

牡蛎带丝汤

白玉秋叶鲫鱼汤

儿童营养保健菜

干炸小黄花鱼

茄汁沙丁

木耳炖仔鸡

双椒熘鸡片

 三珍炒鸡片

豌豆鸡丁

翡翠松茸鸡肉塔

凉拌鸡丝

胡萝卜炒鸡肝

胡萝卜熘鸭丁

碧菠金针鸭肉片

五香熏猪肚

黄豆芽炖猪蹄

熟炒芥蓝牛肉

番茄煎蛋

儿童营养保健菜

平菇鲢鱼皮

双丝炒金针菇

猪肉香菇烧扁豆

儿童营养保健菜

主　编　吴　杰

编　委　夏　玲　郭玉华　李　晶

　　　　李　松　刘　捷　陆春江

　　　　吴昊然　宋美艳　任弘捷

摄　影　吴昊然　李　晶

金盾出版社

内 容 提 要

这是一本专门介绍儿童营养保健的菜谱书。本书精选了 200 款针对儿童具有营养保健功效的美味菜肴,具体介绍了每款菜肴的用料配比、制作方法、成品特点、操作提示及营养功效。本书内容丰富,科学实用,易学易做,非常适合广大家庭阅读使用。

图书在版编目(CIP)数据

儿童营养保健菜/吴杰主编 . —北京:金盾出版社,2008.5
ISBN 978-7-5082-4901-8

Ⅰ. 儿… Ⅱ. 吴… Ⅲ. 儿童-保健-菜谱 Ⅳ. TS972.162

中国版本图书馆 CIP 数据核字(2008)第 001681 号

金盾出版社出版、总发行
北京太平路 5 号(地铁万寿路站往南)
邮政编码:100036 电话:68214039 83219215
传真:68276683 网址:www. jdcbs. cn
彩色印刷:北京金盾印刷厂
黑白印刷:北京蓝迪彩色印务有限公司
装订:北京蓝迪彩色印务有限公司
各地新华书店经销
开本:850×1168 1/32 印张:5.75 彩页:8 字数:133 千字
2009 年 2 月第 1 版第 2 次印刷
印数:8001—14000 册 定价:12.00 元
(凡购买金盾出版社的图书,如有缺页、
倒页、脱页者,本社发行部负责调换)

前　言

　　人体的生长发育和一切生理活动，一刻也离不开饮食所提供的营养物质及能量。儿童（指3～6岁的儿童）发育迅速，从体形到功能，从体力到智力，所需的营养物质都在不断增加和发生变化。吃得好，吃得科学合理，是儿童健康成长的第一要素。如果营养供应不足，就会延缓生长发育，造成儿童的身体、心理和智力发育不能同步，严重者还会影响终生；如果营养过剩，又会造成孩子肥胖，或伤及孩子娇嫩的脾胃，使消化吸收功能发生障碍，营养不能被机体所用，反而形成了营养不良的现象。因此，儿童的饮食调养，既要富于营养，又要利于消化；既要满足机体生长发育的需要，又要防止营养过剩。

　　为了帮助广大家长科学安排孩子的日常饮食，为孩子的成长发育提供合理的营养保障，使孩子既健康又聪明地成长，我们会同儿童营养学家、著名医药专家和烹饪名师，针对儿童生长发育的特点和营养需求，根据各种食材的营养成分和保健功效，科学选择食材，合理搭配组合，共同撰写了这本《儿童营养保健菜》。

　　本书精选了200款有益儿童健康成长的美味营养菜肴，有简洁的文字，对每款菜肴的用料配比、制作方法、成品特点、操作要求、营养功效均做了具体的讲解。本书内容丰富，原料易取，步骤清晰，易学易做，使读者能够在轻松阅读的过程中，获得食材的营养保健知识和制作方法，从而能为孩子烹制出更多的色香味美、诱人食欲的营养菜肴，让孩子在您无私而科学的关爱下健康成长。

本书的图片和文字处理等工作，得到了李晶同志的大力支持，在此表示感谢。

作　者

目　录

水产类

禽肉类

畜肉类

蛋品类

食用菌类

豆制品蔬菜类

水 产 类

盐水大虾

【原料】 大虾12只（重约400克），葱、姜各20克，料酒15克，精盐3克，白糖10克。

【制法】 ①大虾剪去虾枪、虾须、虾足，挑去沙包、沙线，洗净，沥去水分。姜去皮，切成片。葱切成段。 ②锅内放入清水，下入葱段、姜片，加入料酒、精盐、白糖烧开，煎煮5分钟。 ③下入大虾烧开，煮至熟透捞出，沥去水分，摆入盘内即成。

【特点】 色泽鲜艳，咸鲜细嫩。

【提示】 葱、姜入水锅后，要用大火烧开，再改用小火煎煮。

【功效】 大虾是一种高蛋白、低脂肪食物，含有较多的钙、磷、维生素A、烟酸等，虾体含原肌球蛋白、副肌球蛋白，多种蛋白水解后得到蛋氨酸等十几种氨基酸，包括人体必需的8种氨基酸，是上等健脑益智、强身健体食物。此菜可为儿童补充丰富的优质蛋白质，有利于儿童的大脑和身体发育。

吉利堂炸虾串

【原料】 大虾16只，葱、姜各15克，鸡蛋1个，面包糠100克，面粉30克，料酒12克，精盐、白糖各3克，醋2克，花生油100克。

【制法】 ①葱、姜均切成片。大虾剪去虾枪、虾须，剥去虾壳，留虾尾，挑去沙包、沙线，用葱片、姜片、料酒、精盐、白糖、醋拌匀腌渍入味，再用竹签穿成串。②鸡蛋磕入容器内搅散成鸡蛋液。虾串蘸匀面粉，拖匀鸡蛋液，蘸匀面包糠。③锅内放油烧至五成热，下入虾串炸熟捞出，沥去油，装盘即成。

【特点】 色泽金黄，外酥里嫩，咸鲜醇美。

【提示】 虾串要用小火炸制。

【功效】 大虾是一种高蛋白、低脂肪食物，含有较多的钙、磷、维生素A、烟酸等，是上等健脑益智、强身健体食物；所含大量的优质蛋白质，既是儿童身体最佳的"建筑材料"，也是儿童大脑细胞的主要成分之一；所含较丰富的维生素A，能促进骨骼与牙齿的正常发育，保护上皮组织，保护视力。

糖醋茄汁虾

【原料】 大虾400克，葱段、姜片各12克，番茄酱、白糖各30克，料酒、酱油、醋各15克，精盐2克，湿淀粉10克，熟猪油、植物油各25克。

【制法】 ①大虾剪去虾须、虾足、虾枪，挑去沙包、沙线，洗净，沥去水分。②锅内放入熟猪油、植物油烧热，下入葱段、姜片炝香，下入大虾炒开，烹入料酒、酱油、醋炒匀。③加入精盐、白糖、番茄酱炒匀，盖上锅盖，焖烧至熟透，用湿淀粉勾薄芡，出锅装盘即成。

【特点】 色泽鲜红，细嫩鲜美，甜酸适口。

【提示】 焖烧时要用中火，且勤晃锅，以免煳底。

【功效】 大虾富含优质蛋白质、钙、磷、碘、钾、维生素A等，是上等强身健体、健脑益智食品。番茄酱富含维生素C，是提高脑功能极为重要的营养素。二物配以糖、醋同烹成菜，还可提高人体对钙和磷的吸收率。儿童常食此菜对骨骼和大脑发育均有促进作用。

烧 虾 段

【原料】　大虾450克，水发香菇30克，冬笋20克，姜片、蒜片各8克，料酒、酱油、番茄酱、湿淀粉各10克，精盐3克，白糖5克，鸡汤50克，植物油30克，熟鸡油15克。

【制法】　①大虾去头、尾、足，洗净，沥去水分。香菇去蒂，洗净，沥去水分，切成1厘米宽的条。冬笋洗净，切成条。　②锅内放入植物油烧热，下入姜片、蒜片焅香，下入香菇条煸炒至透，下入冬笋条炒开。　③下入大虾段炒匀，加入鸡汤、料酒、酱油、番茄酱、精盐、白糖炒开，烧至熟透，用湿淀粉勾芡，淋入熟鸡油，出锅装盘即成。

【特点】　色泽红亮，细嫩鲜美。

【提示】　烧制时火不要过大，勾芡不要过稠。

【功效】　大虾营养丰富，所含大量优质蛋白质对儿童生长发育十分重要，如缺乏对大脑和身体发育都会有直接的影响，体重和身高会发育缓慢，导致肌肉松弛、贫血及抵抗力下降，严重时还会引起营养不良性水肿。儿童常吃此菜对大脑和身体发育大有益处。

黑芝麻虾肉丸

【原料】　净大虾肉200克，猪五花肉、芹菜各50克，黑芝麻100克，葱末、姜末各10克，鸡蛋清1个，料酒15克，精盐、鸡精、白糖各3克，湿淀粉20克，花生油1000克。

【制法】　①大虾肉、猪五花肉均洗净，沥去水分，剁成细蓉，放入容器内。芹菜去根、叶，洗净，下入沸水锅中焯透捞出，沥去水分，剁成末。　②大虾猪肉蓉内加入葱末、姜末、料酒、精盐、鸡精、白糖、鸡蛋清，用筷子顺一个方向充分搅匀上劲至黏稠，再加入湿淀粉、芹菜末搅匀，用手挤成均匀的丸子，放在黑芝麻中滚匀，成黑芝麻虾肉丸生坯。　③锅内放油烧至五成热，下入虾肉丸生坯，用小火炸至浮起、熟透捞出，沥去油，装盘即成。

【特　点】　浑圆乌亮，外酥里嫩，咸鲜味美。

【提　示】　黑芝麻虾肉丸生坯入油锅后，要用手勺不停地推搅，使其受热均匀。

【功　效】　大虾富含优质蛋白质、钙、磷、维生素 A 等，是上等健脑益智、强身健体食品，儿童常食对大脑及身体发育均有益。芝麻是一种高铁、高钙、高蛋白的三高食品，所富含的卵磷脂是大脑增强记忆不可缺少的物质，所富含的维生素 E 可防止脑内产生过氧化物，防止大脑活力衰退。猪五花肉富含钙、磷，并含有直接健脑物质——脑磷脂、不饱和脂肪酸。三物同烹成菜，常食有利于儿童大脑发育、身体长高。

香酥虾丸

【原　料】　净大虾肉 200 克，净鸡肉 50 克，洋葱 30 克，料酒 10 克，精盐 3 克，白糖 2 克，鸡蛋清 1 个，面包糠 100 克，湿淀粉 15 克，香油 20 克，花生油 1000 克。

【制　法】　①大虾肉、鸡肉均洗净，沥去水分，剁成细蓉，放入容器内。洋葱去根、去皮，洗净，剁成细末。　②大虾鸡肉蓉加入料酒、精盐、白糖、鸡蛋清、香油、湿淀粉搅匀，再加入洋葱末搅匀，挤成直径 2 厘米的丸子，放在面包糠上滚匀成虾丸生坯。　③锅内放入花生油烧至五成热，下入虾丸生坯，用手勺不停地推搅，用小火炸至熟透，捞出，沥去油，装盘即成。

【特点】　浑圆金黄，外酥内嫩，咸鲜醇美。

【提示】　虾肉末内加入调味料后，要用筷子顺一个方向充分搅匀上劲至呈稠糊状。

【功效】　大虾富含人体必需的8种氨基酸、钙、磷、锌、维生素（A、E）等，儿童常食对大脑、身体生长发育和个子长高均有益。鸡肉富含优质蛋白质、钙、磷、铁、锌、铜、维生素（B族、A、E、D）等，常食可健脑益智，强筋壮骨。洋葱富含钙、维生素（A、C）等，钙是组成骨骼的主要材料。儿童常食此菜有健脑益智，增强体质，促进身体长高等作用。

紫菜虾丸汤

【原料】　净大虾肉100克，猪五花肉25克，紫菜15克，香菜8克，葱段、姜片各5克，料酒12克，葱姜汁20克，精盐、鸡精各3克，白糖1克，鸡蛋清半个，湿淀粉10克，清汤650克，香油4克。

【制法】　①大虾肉、猪五花肉洗净，沥去水分，制成蓉，放入容器内，加入料酒、葱姜汁、鸡蛋清、湿淀粉、白糖、精盐1克，用筷子顺一个方向搅匀上劲至呈稠糊状。香菜择洗干净，切成2厘米长的段。紫菜撕成小片。　②锅内放入清汤，下入葱段、姜片，用大火烧开，煮3分钟，再将调好的虾蓉挤成直径2厘米的丸子，下入汤锅中煮熟。　③拣出葱段、姜片不用，加入余下的精盐，下入紫菜、鸡精，淋入香油，撒上香菜段，出锅装碗即成。

【特点】　虾丸细嫩，汤汁清澈，咸鲜香醇。

【提示】　虾丸生坯入汤锅时，要用小火烧开煮熟，并随时撇去汤中浮沫。

【功效】 大虾富含蛋白质，包括人体必需的 8 种氨基酸，儿童食物中如果缺乏必需氨基酸，就会直接影响生长发育，特别是大脑的发育，体重和身高也会发育缓慢。紫菜富含胡萝卜素、维生素（B_1、B_2、B_5、C）、钙、磷、铁、碘、糖类、蛋白质和多种氨基酸等，所含胆碱是大脑增强记忆不可缺少的物质。儿童常吃此菜对智力和身体发育均有益。

核桃兰花虾仁

【原料】 大虾仁、西兰花、核桃仁各 125 克，葱段、姜片各 5 克，料酒 8 克，蚝油 15 克，精盐 2 克，鸡精 3 克，湿淀粉 13 克，汤 20 克，熟鸡油 10 克，花生油 200 克。

【制法】 ①虾仁洗净，沥去水分，放入容器内，加入料酒、精盐 0.5 克、湿淀粉 3 克拌匀入味上浆。西兰花洗净，切成小块。核桃仁洗净，用温水浸泡一会儿，剥去外衣，沥去水分。 ②锅内放入花生油烧至四成热，下入核桃仁，用小火炸熟捞出，再下入虾仁滑散至熟，倒入漏勺。 ③锅内加熟鸡油烧热，下入葱段、姜片炝香，下入西兰花块略炒，加入汤炒匀至熟，下入大虾仁、核桃仁，加入蚝油、鸡精、余下的精盐炒匀，用余下的湿淀粉勾芡，出锅装盘即成。

【特点】 虾仁细嫩，桃仁酥香，咸鲜清新。

【提示】 勾芡一定要薄。

【功效】 大虾仁营养丰富，可为儿童提供大量优质蛋白质、钙、磷、锌、维生素（E、A）等，是上等健脑益智、强身健体食品，儿童常食有益于脑及全身生长发育成长。西兰花富含维生素 C、胡萝卜素、钙、磷、铁、蛋白质、糖类等，可补脑髓，利脏腑，强筋骨。核桃仁营养丰富，钙、磷、铁、锌、硒、维生素E、蛋白质的含量均十分丰富，所富含的脂肪十分符合大脑的需要，能迅速改善儿童的智力，是健脑食品。三物同烹成菜，是儿童一款美味营养菜肴。

什锦鱼肚

【原料】 鱼肚（干）、水发木耳、羊肉、平菇、油菜各50克，葱末、姜末各10克，料酒15克，精盐、鸡精各3克，胡椒粉0.5克，湿淀粉8克，花生油25克。

【制法】 ①鱼肚洗净，发透，切成长方片。羊肉切成片。木耳、平菇均去根，切成片。油菜切成段。羊肉片用料酒5克、精盐0.5克拌匀腌渍入味，再用湿淀粉2克拌匀上浆。鱼肚片下入沸水锅中氽透捞出。 ②锅里放油烧热，下入肉片炒至变色，下入葱末、姜末炒香，加入余下的料酒炒匀，下入用沸水烫过的平菇片、木耳片炒至八成熟。 ③下入鱼肚片炒匀，下入油菜段、余下的精盐翻炒至熟，加鸡精、胡椒粉，用余下的湿淀粉勾芡，出锅装盘即成。

【特点】 色泽淡雅，口感嫩滑，咸香鲜美。

【提示】 鱼肚要用冷水冲洗，温水浸发。

【功效】 鱼肚富含蛋白质、脂肪及胶体物质，蛋白质是儿童身体的最佳"建筑材料"和脑细胞的主要成分之一，对儿童的身体长高和记忆、思考、语言、运动等方面都有重要作用。木耳富含钙、铁、卵磷脂、脑磷脂等，平菇含钙较丰富，所含赖氨酸对儿童增高增重，提高免疫力，提高智力等有明显作用。羊肉富含优质蛋白质、铁、锌、磷及多种维生素。儿童常吃此菜有利于大脑和骨骼发育，并可改善食欲缺乏、消化不良等症状。

虾仁鱼肚

【原料】 鱼肚（干品）、鲜虾仁各150克，蒜片、葱末各10克，葱叶段5克，料酒15克，醋2克，精盐、白糖各3克，胡椒粉0.5克，湿淀粉13克，汤50克，植物油20克，熟猪油10克。

【制法】 ①鱼肚洗净，用温水浸泡发透，切成小块。鲜虾仁治净，用料酒5克、精盐0.5克、湿淀粉3克拌匀入味上浆。鱼肚块下入沸水锅中氽透捞出。 ②锅内放植物油烧热，下入葱末、蒜片炝香，下入虾仁炒熟。 ③下入鱼肚块炒匀，烹入醋、余下的料酒炒开，加汤、白糖、余下的精盐、胡椒粉炒至入透味，用余下的湿淀粉勾芡，淋入熟猪油，撒入葱叶段翻匀，出锅装盘即成。

【特点】 色泽淡雅，鲜香嫩滑。

【提示】 勾芡一定要薄。

【功效】 鱼肚是一种高蛋白、低脂肪食品，并富含钙、磷、铁、锌、维生素（B_1、B_2、B_5）及大量胶体物质等。虾仁富含优质蛋白质、钙、磷、维生素（A、B_1、B_2、B_5）等。此菜可为儿童补充丰富的优质蛋白质、钙、磷等，经常食用有助于骨骼和大脑发育。

双蔬淡菜

【原料】 淡菜200克，芹菜100克，胡萝卜50克，葱末、蒜末、料酒、熟鸡油各10克，湿淀粉6克，醋2克，精盐、白糖各3克，鸡汤50克，植物油20克。

【制法】 ①淡菜治净。芹菜下入沸水锅中焯透捞出，切成段。胡萝卜切成条。锅内放植物油烧热，下入蒜末、葱末炝香，下入胡萝卜条、淡菜炒匀。　②烹入料酒、醋炒开，加鸡汤、白糖炒熟。　③下入芹菜段，加精盐炒匀，用湿淀粉勾芡，淋入熟鸡油，出锅装盘即成。

【特点】　色泽美观，鲜香嫩脆，诱人食欲。

【提示】　芹菜用大火焯至断生即可。

【功效】　淡菜营养丰富，可为儿童提供丰富的优质蛋白质、脂肪酸、糖类、钙、磷、铁、碘、维生素（B_1、B_2、B_5、B_{12}）等，能促进儿童生长发育。芹菜富含钙、铁，所含丰富的维生素C，有利于人体对铁的吸收，也是提高脑功能极为重要的营养素。胡萝卜富含胡萝卜素，在人体内可转化为维生素A，能保护视力，促进骨骼与牙齿的正常发育。此菜营养全面而丰富，儿童经常食用可促进大脑发育，并能增加身高体重，提高机体免疫力。

海红烧金针扣

【原料】　净海红肉、水发黄花菜各150克，青椒、红椒各25克，蒜末15克，料酒8克，醋2克，精盐、鸡精各3克，胡椒粉0.5克，湿淀粉10克，汤75克，植物油30克。

【制法】　①海红肉洗净，沥去水分。黄花菜掐去老根，洗净，挤去水分，逐一系成扣。青椒、红椒均去蒂、去子，洗净，切成3厘米长、1.5厘米宽的菱形片。　②锅内放入清水400克烧开，加入醋，下入海红肉，用大火烧开，汆透捞出，沥去水分。　③锅内放油烧热，下入蒜末炝香，下入黄花菜扣略炒，加汤烧开，烧至熟烂，下入海红肉、青椒片、红椒片，加入料酒、精盐炒开，烧至入味，加鸡精、胡椒粉，用湿淀粉勾芡，出锅装盘即成。

【特点】　海红鲜嫩，黄花菜爽嫩，咸鲜清新。

【提示】 海红肉要用大火氽至刚透立即捞出。

【功效】 海红肉富含优质蛋白质、钙、磷、铁、碘、维生素（B_1、B_2、B_{12}、D 原）等，并含有不饱和脂肪酸，儿童常食可促进发育，健脑益智。黄花菜（金针菜）富含胡萝卜素、维生素（B_1、B_2）、钙、铁等，胡萝卜素在人体内可转化为维生素A，有促进儿童生长发育的作用。二物与富含维生素的青椒、红椒同烹成菜，是儿童一款美味菜肴。

蚝油烧海螺

【原料】 净海螺肉 400 克，葱末、蒜末各 5 克，蚝油 20克，料酒、酱油各 8 克，醋 2 克，精盐 1 克，鸡精 3 克，湿淀粉10 克，汤 350 克，植物油 25 克，熟鸡油 15 克。

【制法】 ①海螺肉洗净，沥去水分，下入沸水锅中用大火烧开，氽去污物捞出，沥去水分。 ②锅内放入植物油烧热，下入葱末、蒜末炝香，下入海螺肉略炒，烹入醋、料酒、酱油炒匀。 ③加汤、蚝油、精盐烧开，烧至熟烂，收浓汤汁，加鸡精，用湿淀粉勾芡，淋入熟鸡油，出锅装盘即成。

【特点】 色泽红亮，软烂鲜香。

【提示】 烧制时要盖上锅盖用小火焖烧，勤晃动锅，以免煳底。

【功效】 海螺肉富含优质蛋白质、氨基酸、多种无机盐和维生素等，并含有不饱和脂肪酸，钙和锌的含量较多，儿童常食可益智补脑，促进身体长高。蚝油富含优质蛋白质，锌的含量十分丰富，锌对儿童的智力和身体发育有好处；体内缺锌的儿童，不仅身材矮小，性发育障碍，而且智力低下，思维迟钝。儿童常吃此菜，可促进记忆，开发智力，增高增重。

香菇烧螺肉

【原料】 海螺600克，水发香菇125克，冬笋25克，蒜片、料酒、酱油、湿淀粉各10克，醋2克，精盐、白糖各3克，胡椒粉0.5克，猪骨汤450克，植物油30克。

【制法】 ①冬笋切成片。香菇去蒂。海螺肉取出，去杂治净，下入沸水锅中汆透捞出。另将锅内放油烧热，下入蒜片炝香，下入海螺肉略炒，烹入醋、料酒、酱油炒匀。 ②下入香菇炒匀，加猪骨汤、白糖炒开，烧至七成熟，加入精盐，烧至熟烂，收浓汤汁。 ③下入冬笋片翻匀，加胡椒粉，用湿淀粉勾芡，出锅装盘即成。

【特点】 螺肉嫩滑，香菇柔滑，色红味鲜。

【提示】 要用小火慢烧，使其充分入味。

【功效】 海螺肉含有丰富的蛋白质、氨基酸、多种无机盐和维生素及不饱和脂肪酸等。香菇含有丰富的优质蛋白质、钙、磷、铁、维生素（A、B族、E、C、D）等，其中赖氨酸含量丰富，研究表明，赖氨酸能增高、增重，提高免疫力，增加血红蛋白，明显提高智力。此菜可为儿童补充大量的优质蛋白质、钙、磷、锌、维生素（A、D）等多种有助于身高体壮、健脑益智的营养物质，经常食用对大脑和身体发育有良好的作用，并可提高机体免疫力。

海螺虾球

【原料】 海螺500克，大虾225克，油菜50克，蒜片10克，葱末5克，料酒15克，精盐3克，白糖、醋各2克，胡椒粉0.5克，湿淀粉13克，汤20克，植物油30克，熟鸡油10克。

【制法】 ①油菜切成段。大虾去虾头、虾足、虾壳，留虾尾，挑去沙包、沙线，治净。海螺肉取出，治净，下入沸水锅中，用大火烧开，余透捞出。 ②大虾仁用料酒5克、精盐0.5克拌匀腌渍入味，再用湿淀粉3克拌匀上浆。锅内放植物油烧热，下入蒜片、葱末炝香，下入大虾仁炒至变色。 ③下入油菜段炒匀至熟，下入海螺肉，烹入用余下的调料对成的芡汁翻匀，出锅装盘即成。

【特点】 色泽美观，鲜美细嫩，诱人食欲。

【提示】 海螺肉余至刚熟透立即捞出，以保持其鲜嫩的口感。

【功效】 海螺肉含有丰富的蛋白质、脂肪、氨基酸、多种无机盐和维生素，可补肝肾，益精髓，润肺，明目。大虾富含蛋白质、钙、磷、维生素A和人体必需的多种氨基酸等，是上等健脑益智、强身健体食物。油菜富含钙、磷、铁、维生素C、胡萝卜素等，可清热解毒，和中润肠。此菜可为儿童补充丰富的优质蛋白质、钙、磷、维生素（A、C）等，经常食用可促进儿童的大脑和身体发育，增强记忆力，增加身高体重，增强机体免疫力。

吉利堂浇汁扇贝

【原料】 扇贝600克，猪瘦肉、净鸡肉各50克，荷兰豆30克，红甜椒20克，蒜、葱、姜各10克，料酒25克，醋2克，精盐、白糖各3克，胡椒粉0.5克，湿淀粉13克，汤150克，植物油20克，香油10克。

【制法】 ①猪瘦肉、鸡肉、荷兰豆、红甜椒、蒜均切成丁。葱切成段。姜切成片。扇贝用清水反复洗净，剥下一侧贝壳，放入容器内，浇入用料酒10克，醋、精盐1克、胡椒粉、葱段、姜片对成的味汁腌渍入味。　②猪肉丁、鸡丁放入容器内，加入料酒10克、精盐0.5克拌匀腌渍入味，再加入湿淀粉3克拌匀上浆。锅内放入植物油烧热，下入蒜丁炝香，下入猪肉丁、鸡肉丁炒熟，下入荷兰豆丁、红椒丁炒匀，加汤、余下的料酒和精盐、白糖炒开，用余下的湿淀粉勾芡，淋入香油，离火备用。　③入味的扇贝放入蒸锅内，用大火蒸至熟透取出，拣出葱段、姜片不用，扇贝放入盘内，再逐一浇入烧好的汁即成。

【特点】　色彩艳丽，鲜嫩醇美。

【提示】　芡汁炒制要稠稀适中。

【功效】　扇贝肉含碘丰富，还富含蛋白质、钙、磷、多种维生素等，所含胆碱是大脑合成乙酰胆碱的重要原料，乙酰胆碱是大脑记忆信息传递因子，因此多吃含胆碱的食物，有益智作用。猪瘦肉富含蛋白质、铁、磷、锌、维生素（B族、D）等。鸡肉富含蛋白质、人体必需的8种氨基酸、磷、铁、铜、钙、锌、维生素（B族、A）等。此菜可为儿童补充大量的碘、优质蛋白质、钙、磷、铁、锌及多种维生素等，经常食用有益于大脑、骨骼、牙齿的发育。

清蒸扇贝

【原料】　大扇贝7只，葱段、姜片各10克，料酒15克，精盐2克。

【制法】　①葱段、姜片放入碗中，加入料酒、精盐调匀成味汁。　②大扇贝用清水反复冲洗干净，剥下一侧贝壳，贝肉朝上放入容器内，浇上调好的味汁，腌渍20分钟，拣出葱段、姜片不用。　③放入蒸锅内，用大火蒸至熟透取出，摆入盘内即成。

【特点】　鲜嫩清爽，原汁原味。

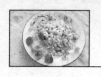

【提示】 蒸制时间不要过长，约5分钟即可。

【功效】 扇贝肉营养丰富，所富含的优质蛋白质是儿童生长发育不可缺少的营养素，也是脑细胞的主要成分之一。儿童体内缺乏优质蛋白质就会直接影响生长发育，特别是大脑的发育。扇贝肉还含有大量的钙、磷、碘及多种维生素，所含胆碱是大脑增强记忆不可缺少的物质。儿童常食此菜对脑及全身发育成长均有好处。

奶香炸牡蛎

【原料】 净牡蛎肉300克，鸡蛋1个，葱段、姜片各10克，精盐2克，奶粉20克，料酒15克，醋1克，面粉50克，湿淀粉75克，花生油800克。

【制法】 ①牡蛎肉洗净，沥去水分，放入容器内，加入葱段、姜片、醋、料酒、精盐拌匀腌渍入味20分钟，拣出葱段、姜片不用，加入奶粉拌匀，再蘸匀面粉。 ②鸡蛋磕入碗内，加入湿淀粉、面粉25克、清水适量调匀成蛋粉糊。 ③锅内放油烧至五成热，将牡蛎肉逐一挂匀蛋粉糊，下入锅中炸至呈金黄色、外层酥脆、浮起、熟透捞出，沥去油，装盘即成。

【特点】 色泽金黄，外酥里嫩，奶香浓郁。

【提示】 蛋粉糊要调成稠糊，过稀会无法挂糊。

【功效】 牡蛎肉含有丰富而优质的氨基酸、牛磺酸、糖原、各种无机盐和多种维生素等，尤以锌、硒的含量丰富；锌对儿童的智力和身体发育有益，体内缺锌的儿童会食欲缺乏，而且身材矮小，性发育障碍，智力低下，思维迟钝。鸡蛋富含优质蛋白质、铁、钙、磷、锌及多种维生素，其中维生素D可帮助钙质吸收；所富含的卵磷脂是大脑记忆保持旺盛不可缺少的物质。奶粉富含优质蛋白质、钙等。三物配以具有健脑作用的花生油同烹成菜，儿童常食对大脑和身体发育均有好处。

翡翠牡蛎汤

【原料】　净牡蛎肉100克，牛瘦肉50克；油菜心75克，葱段、姜片各10克，料酒15克，醋2克，精盐、鸡精各3克，湿淀粉2.5克，清汤600克，香油4克，植物油100克。

【制法】　①牡蛎肉洗净，沥去水分。牛肉洗净，切成丝，用料酒5克、精盐0.5克拌匀腌渍入味，再加入湿淀粉拌匀上浆。油菜心择洗干净，沥去水分，切成2厘米长的段。　②锅内放入清水烧开，加入醋，下入牡蛎肉烧开，汆透捞出，沥去水分。另将锅内放植物油烧热，下入牛肉丝滑炒至熟，出锅倒入漏勺，沥去油。　③葱段、姜片放入锅中煸炒几下，加入余下的料酒、清汤烧开，拣出葱段、姜片不用，下入油菜心煮透，下入牡蛎肉、牛肉丝、余下的精盐、鸡精烧开，淋入香油，出锅装碗即成。

【特点】　牡蛎鲜嫩，汤鲜味美。

【提示】　牡蛎肉汆制时间不可过长，以免失去鲜嫩的口感。

【功效】　牡蛎肉营养十分丰富，含有大量优质蛋白质、牛磺酸、糖原、锌、硒、钙、磷及多种维生素等，尤以锌的含量丰富，居众食物之首；锌对儿童的智力和身体发育有益，体内缺锌的儿童，不仅会食欲缺乏，身材矮小，性发育障碍，而且智力低下，思维迟钝；牡蛎肉也是补钙、补磷的良好食品。牛肉含有全部种类的氨基酸，并富含铁、磷、锌、铜、维生素（B族、A、E）等，是上等健脑益智、强身健体食物。油菜心富含钙、铁、维生素C、胡萝卜素等。三物同烹成菜，儿童常食可防止锌缺乏，有利于大脑和身体发育，并可提高机体免疫力。

金针牡蛎汤

【原料】 净牡蛎肉、金针菇各125克，火腿30克，香菜15克，葱段、姜片各10克，料酒8克，醋2克，精盐、鸡精各3克，胡椒粉0.5克，香油5克，植物油20克。

【制法】 ①牡蛎肉洗净，沥去水分。金针菇去根，洗净，切成3厘米长的段。火腿切成小片。香菜择洗干净，切成1厘米长的段。 ②锅内放入清水烧开，下入金针菇段烧开，捞出。待锅内的水再烧开时，加入醋，下入牡蛎肉汆透捞出。 ③锅内放入植物油烧热，下入葱段、姜片炝香，下入火腿片略炒，烹入料酒炒匀，加入清水600克烧开，拣出葱段、姜片不用，下入金针菇段、牡蛎肉，加入精盐、鸡精、胡椒粉烧开，撒入香菜段，淋入香油，出锅装碗即成。

【特点】 牡蛎鲜嫩，汤鲜味美。

【提示】 牡蛎肉要用大火焯至刚熟透立即捞出。

【功效】 牡蛎肉、金针菇均富含锌，锌对儿童的身体和智力发育十分有益，体内缺锌的儿童，会出现食欲缺乏与味觉减退症状，还会引起生长发育停滞，身材矮小而且智力低下，思维迟钝。此菜可为儿童补充大量的锌和其他身体生长发育所需的营养素，可开发智力，促进记忆，增加身高和体重，使孩子健康成长。

牡蛎紫菜羹

【原料】 净牡蛎肉100克，紫菜、香菜各20克，葱段、姜片各8克，料酒15克，酱油10克，醋2克，精盐、鸡精各3克，胡椒粉0.5克，湿淀粉30克，清汤700克，花生油20克。

儿童营养保健菜

【制法】　①牡蛎肉洗净，沥去水分。香菜择洗干净，沥去水分，切成1厘米长的段。紫菜撕成小片。　②锅内放油烧热，下入葱段、姜片炝香，下入牡蛎肉略炒，烹入醋、料酒、酱油炒匀，加清汤烧开。　③下入紫菜、精盐、鸡精烧开，下入香菜段，加入胡椒粉，用湿淀粉勾芡，使汤汁呈稀糊状，出锅装碗即成。

【特点】　鲜嫩柔滑，咸鲜可口。

【提示】　湿淀粉要先用清水30克调匀。

【功效】　牡蛎肉富含优质的氨基酸、牛磺酸、糖原、多种无机盐和维生素等，尤以锌、钙、磷的含量丰富，所含维生素D可帮助钙质吸收。紫菜含有大量维生素（B_1、B_2、B_{12}、U）、胡萝卜素、糖类、钙、磷、铁、碘、蛋白质和多种氨基酸等，所含胆碱是神经细胞传递信息不可缺少的化学物质。此菜可为儿童补充生长发育所需的多种营养素，常食对大脑及身体发育均有好处。

三彩蜇皮丝

【原料】　海蜇皮200克，芹菜、胡萝卜、水发木耳各50克，大蒜15克，醋5克，精盐2克，味精1.5克，香油10克。

【制法】　①海蜇皮、胡萝卜（去皮）、木耳均切成丝。芹菜切成段。大蒜切成细丝。　②锅内放入清水烧开，依次下入木耳丝、芹菜段、胡萝卜丝烧开，焯透捞出，投凉，沥去水分。③海蜇皮丝放入容器内，加入芹菜段、胡萝卜丝、木耳丝、蒜丝、醋、精盐、味精、香油拌匀，装盘即成。

【特点】　色泽美观，清爽脆嫩，咸鲜微酸。

【提示】　海蜇皮要先用冷水冲洗去盐分，再用沸水浸泡30分钟，去除咸味。

【功效】 海蜇富含蛋白质、糖类、钙、铁、碘，所含丰富的胆碱是神经细胞传递信息不可缺少的化学物质，可增加人的记忆力。芹菜、木耳均富含钙、铁，木耳富含的脑磷脂和卵磷脂对儿童智力开发十分有益。胡萝卜富含胡萝卜素、蛋白质、钙、铁及维生素 C，可保护视力，促进儿童生长发育，增强机体对疾病的免疫力。诸物配以具有健脑作用的大蒜同组成菜，可为儿童补充身体所需的多种营养素，经常食用对儿童的智力、身体及牙齿发育均有促进作用。

蒜薹炒蛏肉

【原料】 熟蛏肉 200 克，蒜薹 100 克，红椒 50 克，葱末、姜末、湿淀粉各 5 克，料酒 10 克，醋 1 克，精盐、鸡精各 2 克，酱油 8 克，汤 50 克，植物油 20 克，熟猪油 10 克。

【制法】 ①蒜薹切成段。红椒切成条。 ②锅内放入植物油烧热，下入姜末、葱末炝香，下入蛏肉煸炒至出香味，烹入醋、料酒炒匀，加汤炒透。 ③下入蒜薹段、红椒条炒匀，加酱油、精盐、鸡精翻熟，用湿淀粉勾芡，淋入熟猪油翻匀，出锅装盘即成。

【特点】 色泽微红，鲜嫩爽脆，味美鲜香。

【提示】 蒜薹段要用大火炒制，勾芡要薄而匀。

【功效】 蛏肉含碘丰富，还含有蛋白质、脂肪、糖类、钙、磷、铁等。蒜薹含大蒜辣素、蛋白质、脂肪、钙、磷、铁、挥发油等，可解毒杀虫，健胃消食，蒜薹中含有一种蒜胺，能帮助分解葡萄糖，促进大脑对其吸收，故有健脑作用。红椒富含维生素（A、C），对提高大脑功能，促进大脑及全身生长发育十分有益。此菜还可为儿童补充丰富的碘，碘在人体中具有合成甲状腺素的作用。甲状腺能促进物质和能量代谢，促进蛋白质、糖类和脂肪的代谢，还能使胡萝卜素转变为维生素 A。儿童常吃此菜，对身体生长发育十分有益。

双椒拌蚬肉

【原料】 净蚬肉 250 克，青椒 100 克，红椒 50 克，蒜末 8 克，料酒 10 克，精盐 3 克，味精、醋各 2 克，香油 15 克。

【制法】 ①青椒、红椒均去蒂、去子，洗净，切成 3 厘米长、1 厘米宽的菱形条片。蚬肉洗净。 ②锅内放入清水烧开，下入青椒片、红椒片略烫捞出，沥去水分。待锅内水再烧开时，下入蚬肉用大火烧开，余透捞出，沥去水分。 ③蚬肉放入容器内，加入青椒片、红椒片、蒜末、料酒、精盐、味精、醋、香油拌匀，装盘即成。

【特点】 色泽美观，蚬肉软烂，咸鲜清香。

【提示】 青椒片、红椒片焯制时间不可过长。

【功效】 蚬肉含碘丰富，并含有蛋白质、维生素（A、B_1、B_2、B_{12}、C）等，还含有铁、钙、钴、牛磺酸等多种有益于儿童骨骼和大脑发育的营养物质，对儿童的生长发育十分重要。青椒富含维生素 C、钙。红椒富含胡萝卜素。三物配以可健胃、解毒、杀虫的大蒜同烹成菜，儿童常食对身体和智力发育十分有益。

蚬肉烩生菜

【原料】 熟蚬肉 200 克，生菜 125 克，胡萝卜（去皮）75 克，葱段、姜片各 10 克，料酒 12 克，醋 1 克，精盐 3 克，味精 2 克，湿淀粉 15 克，鸡汤 650 克。

【制法】 ①生菜切成段。胡萝卜切成片。蚬肉下入沸水锅中余透捞出。 ②锅内放鸡汤、料酒、醋，下入葱段、姜片烧

开，下入蚬肉、胡萝卜片烧开，煮5分钟，拣出葱段、姜片不用。③下入生菜段，加入精盐烩至熟烂，加味精，用湿淀粉勾芡，出锅装碗即成。

【特点】 色泽美观，蚬肉鲜香，汤鲜稠浓。

【提示】 湿淀粉要先用清水澥开成稀糊状，再徐徐倒入汤锅内，并用手勺搅匀。

【功效】 蚬肉含碘丰富，还含有蛋白质、维生素（A、B_1、B_2、B_{12}、C）、铁、钙、钴、牛磺酸等多种有益于儿童骨骼和大脑发育的营养物质，碘对儿童的生长发育十分重要。生菜营养价值较高，富含钙、磷、铁、锌、碘、维生素（A、B族、C）等，可强筋骨，通血脉。胡萝卜富含胡萝卜素、糖类、蛋白质、钙、磷、铁、维生素C等，可保护视力，增强体质，促进儿童生长发育。此菜可为儿童补充身体生长发育所需的多种营养物质，具有健脑益智，增高增重，提高免疫力等多种作用。

双鲜紫菜汤

【原料】 净蚬肉、净蚌肉各100克，菠菜叶30克，紫菜15克，葱段、姜片各10克，料酒8克，醋2克，精盐、鸡精各3克，清汤650克，香油4克。

【制法】 ①蚬肉、蚌肉分别洗净，沥去水分，切成小块。菠菜叶洗净。紫菜撕成小片。 ②锅内放入清水烧开，下入蚬肉、蚌肉块，加入醋，用大火烧开，余透捞出。另将锅内放入清汤，下入葱段、姜片烧开，下入蚬肉、蚌肉块，加入料酒，煮至熟烂。 ③下入菠菜叶、紫菜片，加入精盐、鸡精烧开，淋入香油，出锅装碗即成。

【特点】 色泽素雅，双鲜软烂，汤清味鲜。

【提示】 菠菜叶入锅用大火烧开后立即出锅。

【功效】　蚬肉富含蛋白质、碘、钙、磷、铁、钴、牛磺酸、维生素（A、B_1、B_2、B_{12}、C）等多种有益于儿童骨骼和大脑发育的营养物质。蚌肉富含钙、磷、蛋白质、维生素（A、B_1、B_2、）等。紫菜富含蛋白质、胡萝卜素、维生素（B_1、B_2、B_{12}、C）、钙、磷、铁、碘、胆碱等。此菜可为儿童提供大量优质蛋白质、钙、磷、碘、维生素（A、B族、C）、胆碱等，经常食用有利于儿童生长发育。

兰花羊肉酿仔墨

【原料】　净仔墨鱼175克，西兰花150克，羊瘦肉末100克，大虾75克，大蒜10克，料酒15克，醋2克，精盐、白糖各3克，清汤150克，湿淀粉、香油各10克，植物油20克。

【制法】　①西兰花切成小块。大虾取净虾肉剁成末。羊肉末放入容器内，加入大虾末、剁碎的大蒜末、料酒5克、醋1克、精盐1克、清汤25克、香油搅匀，逐一酿入治净的仔墨鱼内，摆入容器。　②入蒸锅内，用大火蒸至熟透取出，放入盘中。另将锅内放植物油烧热，下入西兰花块略炒，加入精盐1克炒匀至熟，出锅围摆在羊肉酿仔墨的周围。　③锅内放入余下的清汤、料酒、醋、精盐烧开，加入白糖，用湿淀粉勾芡，出锅浇在盘内羊肉酿仔墨上即成。

【特点】　色泽美观，鲜嫩柔滑，兰花爽嫩。

【提示】　羊肉末内加入调味料后，要用筷子顺一个方向充分搅匀成稠糊状。

【功效】　墨鱼是一种高蛋白、低脂肪食物，还含有糖类、钙、磷、铁、维生素（B_1、B_2、B_5）等，有养血滋阴的功能。羊肉富含优质蛋白质、铁、磷、锌、糖类、维生素（A、B_6、B_{12}、B_1、B_2、D）等。大虾富含优质蛋白质、糖类、钙、磷、维生素

儿童营养保健菜

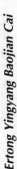

（A、B₁、B₂）等。西兰花富含蛋白质、糖类、维生素（A、B族、C）及较丰富的钙、磷、铁等。此菜可为儿童补充大量的优质蛋白质、钙、磷、铁、锌、维生素（A、B族、C、D）等，经常食用对大脑发育和体重及身高均有促进作用，并可预防贫血，防止出现智力迟钝。

酥炸鱿鱼圈

【原料】　鱿鱼275克，葱段、姜片各10克，鸡蛋1个，料酒15克，醋2克，精盐3克，胡椒粉0.5克，面粉50克，湿淀粉75克，花生油850克。

【制法】　①鱿鱼治净，横切成圆圈状。湿淀粉放入容器内，磕入鸡蛋，加入面粉25克及花生油10克调匀成蛋粉糊。②鱿鱼圈放入容器内，加入葱段、姜片、料酒、醋、精盐、胡椒粉拌匀腌渍入味，拣出葱段、姜片不用，加入余下的面粉拌匀。　③锅内放油烧至五成热，将鱿鱼圈拖匀蛋粉糊，下入油锅中炸至熟透、浮起捞出，沥去油，装盘即成。

【特点】　色泽金黄，外酥里嫩，味美咸鲜。

【提示】　炸制时火不能太大，以免外煳内生。

【功效】　鱿鱼富含优质蛋白质、糖类、钙、磷、碘、维生素（A、B₁、B₂、B₅）等，可滋补强身。此菜不仅可为儿童补充丰富的优质蛋白质，还可增进儿童食欲，有利于儿童增智、增高增重，提高机体免疫力。

木耳蚌肉羹

【原料】　净蚌肉100克，水发木耳、胡萝卜各30克，葱末、姜末各5克，料酒、酱油各10克，精盐、鸡精各3克，白

糖 2 克，湿淀粉 25 克，胡椒粉 0.5 克，清汤 650 克，植物油 25 克，熟鸡油 8 克。

【制法】 ①蚌肉洗净，沥去水分，切成粒状。木耳去根，洗净，胡萝卜洗净，去皮，均切成细粒。 ②锅内放入植物油、熟鸡油烧热，下入葱末、姜末炝香，下入蚌肉粒煸炒至散开，烹入料酒、酱油炒匀，加入清汤烧开。 ③下入木耳粒、胡萝卜粒，加入精盐、白糖，煮至熟烂，加鸡精、胡椒粉，用湿淀粉勾芡，使汤汁呈稀糊状，出锅装碗即成。

【特点】 色泽红润，嫩脆柔滑，咸鲜可口。

【提示】 炒蚌肉粒时火不要过大。

【功效】 蚌肉营养丰富，可为儿童提供大量的优质蛋白质、钙、磷、维生素（A、B$_1$、B$_2$）等，儿童常食有益骨骼、大脑发育。木耳富含钙、铁，所富含的脑磷脂和卵磷脂是神经系统和大脑所不可缺少的营养物质，对儿童有提高智力和促进发育的作用。胡萝卜富含胡萝卜素，在人体内可转化为维生素 A，可促进儿童生长发育，增强机体对疾病的抵抗力。儿童常食此菜，有益补充大脑营养，促进智力发育，促进身体长高。

海带炒鸡丝

【原料】 水发海带 200 克，净鸡肉 100 克，红柿子椒 50 克，蒜丝、姜丝、葱丝各 5 克，料酒 10 克，精盐 3 克，味精 2 克，湿淀粉 13 克，植物油 25 克。

【制法】 ①海带洗净，沥去水分，切成细丝。红柿子椒去蒂、去子洗净，切成细丝。鸡肉洗净，沥去水分，切成丝，用料酒 5 克、精盐 0.5 克拌匀腌渍入味，再加入湿淀粉 3 克拌匀上浆。 ②锅内放入清水烧开，下入海带丝用大火煮至熟烂捞出，沥去水分。 ③锅内放油烧热，下入蒜丝、姜丝、葱丝炝香，下入鸡丝炒熟，下入红椒丝炒匀，下入海带丝，加入余下的料酒和精盐炒匀，加味精，用余下的湿淀粉勾芡，出锅装盘即成。

【特点】　色泽美观，口感滑嫩，咸香鲜美。

【提示】　炒鸡丝时火不要过大，勾芡要薄。

【功效】　海带是一种高蛋白、低脂肪海产品，富含糖类、膳食纤维、钙、磷、铁、碘、胡萝卜素、维生素（B_1、B_2、B_5、B_{12}）等，尤以碘的含量丰富；碘在人体中的作用是合成甲状腺素，甲状腺功能低下的儿童，体格和智力发育都受到明显影响。鸡肉富含优质蛋白质、钙、磷、铁、锌、维生素（A、E、D、B族）等。红椒富含维生素C、胡萝卜素等。此菜可为儿童提供大量身体生长发育所需的营养素，常食对大脑及身体发育有益。

牡蛎带丝汤

【原料】　水发海带150克，净牡蛎肉100克，火腿50克，香菜5克，葱段、姜片各10克，料酒8克，醋1克，精盐、鸡精各3克，胡椒粉0.5克，植物油20克。

【制法】　①海带洗净，沥去水分，切成细丝。火腿切成细丝。香菜择洗干净，沥去水分，切成1厘米长的段。牡蛎肉洗净，沥去水分。　②锅内放入清水300克烧开，加入醋，下入牡蛎肉烧开，氽透捞出。　③锅内放油烧热，下入葱段、姜片炝香，下入火腿丝略炒，烹入料酒炒匀，加入清水650克烧开，下入海带丝煮至熟烂，下入牡蛎肉，加入精盐、鸡精、胡椒粉烧开，出锅装碗，撒上香菜段即成。

【特点】　牡蛎鲜嫩，海带软烂，汤清味鲜。

【提示】　牡蛎肉要用大火氽至断生立即捞出。

【功效】　海带是一种高蛋白、低脂肪食品，并富含糖类、膳食纤维、钙、磷、铁、碘、维生素（B_1、B_2、B_5、C）、胡萝

卜素及多种氨基酸等，儿童常食对骨骼和牙齿发育均有好处，并可防止因贫血而出现的智力迟钝，对儿童的生长发育非常重要。牡蛎肉含有大量优质蛋白质、锌、钙、磷及多种维生素等，常食对儿童的智力和身体发育有好处。儿童常食此菜对大脑、骨骼和身体发育十分有益。

软炸鲤鱼片

【原料】　净鲤鱼肉 250 克，鸡蛋清 1 个，料酒 15 克，精盐 2 克，醋 1 克，奶粉、湿淀粉各 20 克，花生油 850 克。

【制法】　①鲤鱼肉洗净，沥去水分，抹刀片成 0.5 厘米厚的片，再改切成 2 厘米见方的片。鸡蛋清沥入容器内，搅散成蛋清液。　②鲤鱼片放入容器内，加入料酒、醋、精盐、奶粉拌匀，腌渍入味 15 分钟，再加入鸡蛋清、湿淀粉抓匀。　③锅内放油烧至五成热，下入鲤鱼片，用小火炸成金黄色、浮起、熟透捞出，沥去油，装盘即成。

【特点】　软嫩咸甜，咸香鲜美。

【提示】　鲤鱼片入锅后要用手勺不停地翻动，使其受热均匀。

【功效】　鲤鱼营养丰富，含有十余种健脑养神的氨基酸，并富含蛋白质、脂肪、钙、磷、铁、维生素（B 族、A）等，可为脑提供大量营养物质。鸡蛋富含优质蛋白质、铁、磷、锌、维生素（A、E、D、B 族）、卵磷脂等。二物配以具有健脑作用的花生油同烹成菜，可为大脑提供丰富的健脑物质，儿童常吃此菜有利于大脑发育。

Ertong Yingyang Baojian Cai

松仁熘鲤鱼丸

【原料】 鲤鱼1条（重约750克），松子仁25克，油菜、胡萝卜各20克，蒜末10克，料酒、酱油、葱姜汁各15克，醋2克，精盐、鸡精各3克，湿淀粉25克，鸡蛋清1个，汤100克，花生油750克，熟鸡油8克。

【制法】 ①鲤鱼去鳞、鳃、内脏、头、尾，洗净，从中间片开，剔去骨、刺、皮，再将净鱼肉剁成蓉 放入容器内。油菜择洗干净，沥去水分，切成3厘米长的段。胡萝卜洗净，去皮，切成菱形片。 ②鱼肉蓉内加入料酒5克、醋、葱姜汁、精盐和鸡精各1克、鸡蛋清、湿淀粉15克，用筷子顺一个方向充分搅匀上劲至呈稠糊状，再挤成均匀的小丸子，下入烧至五成热的花生油中，用小火炸成金黄色、熟透捞出，沥去油，再下入松子仁炸熟捞出，沥去油。 ③锅内留油15克，下入蒜末炝香，下入胡萝卜片、油菜段略炒，加汤、酱油、余下的料酒和精盐烧开，加余下的鸡精，用余下的湿淀粉勾芡，下入鱼丸、松子仁翻匀，淋入熟鸡油，出锅装盘即成。

【特点】 色泽红润，外酥里嫩，咸香鲜美。

【提示】 芡汁炒制不要过稠。

【功效】 鲤鱼肉富含蛋白质，并含有10余种健脑养神的氨基酸，钙、磷、铁、维生素（A、C、D）的含量也较多。松子仁富含脂肪，主要为油酸、亚油酸等不饱和脂肪酸，还富含蛋白质、糖类、挥发油、磷、钙、铁等，常食可补脑强身，增强记忆，对骨骼、牙齿的发育有促进作用。此菜可为儿童提供大量的营养物质，常食对智力和身体发育有益。

奶汤鲤鱼丸

【原料】　净鲤鱼肉150克，豌豆苗20克，料酒、葱姜汁各15克，醋2克，精盐3克，鸡精1.5克，鸡蛋清半个，牛奶200克，奶油10克，清汤450克。

【制法】　①鲤鱼肉洗净，沥去水分，制成细蓉，放入容器内，加入料酒、葱姜汁、醋、精盐1克、鸡精、鸡蛋清、奶油，用筷子顺一个方向搅匀上劲至呈稠糊状。豌豆苗洗净。　②锅内放入清汤，将调好的鱼蓉挤成均匀的小丸子，下入清汤锅中，用小火烧开，煮至熟透。　③加入牛奶烧开，下入豌豆苗，加入余下的精盐烧开，出锅装碗即成。

【特点】　鱼丸细嫩，汤汁乳白，咸鲜醇美。

【提示】　鱼丸入清汤锅烧开后，要随时撇去汤中浮沫。

【功效】　鲤鱼肉富含蛋白质，并含有10余种健脑养神的氨基酸，钙、磷、铁、维生素（A、C、D）的含量也较多。豌豆苗富含钙、磷、铁、胡萝卜素、维生素C等。牛奶富含优质蛋白质、钙、磷、维生素（A、D）等。三物同烹成菜，可为儿童提供大量的优质蛋白质、钙、磷、铁、维生素（A、C、D）等，常食对儿童有增高增重，增强体质，健脑益智等作用。

糖醋菠萝鲤鱼羹

【原料】　净鲤鱼肉100克，净菠萝50克，精盐1克，白糖25克，醋5克，湿淀粉30克，花生油25克。

【制法】　①鲤鱼肉洗净，沥去水分，剁成蓉。菠萝切成0.5厘米见方的丁。　②锅内放油烧热，下入鱼肉蓉煸炒至熟，烹入醋炒匀，加清水700克烧开。　③加入精盐、白糖，用湿淀粉勾芡，使汤汁呈稀稠适中的糊，下入菠萝丁搅匀，出锅装碗即成。

【特点】 软嫩稠滑，甜酸鲜美，果香味浓。

【提示】 菠萝丁入锅即可出锅，煮制时间不要过长。

【功效】 鲤鱼肉营养丰富，含有十余种健脑养神的氨基酸，并富含蛋白质、脂肪、钙、磷、铁、维生素（B族、A）等，常食对儿童的大脑和身体发育均有好处。菠萝富含维生素（B族、C、E）、钙、铁、糖类等，所含柠檬酸能促进胃液分泌，从而促进消化；所富含的锰能促进钙吸收。此羹可为儿童提供大量的优质蛋白质、钙、磷、铁、锰、维生素（A、B族、C、E）等，常食有利儿童发育成长。

白玉柳叶鲫鱼汤

【原料】 鲫鱼2条（重约600克），豆腐300克，姜15克，葱10克，料酒20克，醋、精盐各3克，白糖2克，胡椒粉0.5克，鸡清汤500克，熟鸡油3克。

【制法】 ①豆腐切成正方形厚片。鲫鱼去鳞、鳃、内脏，治净，在鱼身两面均剞上柳叶花刀。姜去皮，切成片。葱切成段。 ②鲫鱼下入加有醋的沸水锅中氽烫捞出。锅内放鸡清汤，下入姜片、葱段、料酒烧开，下入鲫鱼烧开，炖至汤汁呈乳白色。 ③下入豆腐片，加入精盐、白糖烧开，炖至入透味，加入胡椒粉，淋入熟鸡油，出锅装碗即成。

【特点】 鱼形完整，鱼肉细嫩，豆腐滑嫩，汤白味鲜。

【提示】 鲫鱼剞刀要保持刀距相等。

【功效】 鲫鱼是一种高蛋白、低脂肪食物，含较丰富的钙、磷、铁、维生素（A、B$_1$）等。豆腐富含优质蛋白质、不饱和脂肪酸、糖类、钙、磷、铁、维生素（B$_1$、B$_2$）等，所含赖氨酸、天门冬氨酸、谷氨酸、胆碱等，对人体脑神经发育有促进作用，并能增强人的记忆力。二物与营养丰富的鸡汤同烹成菜，可为儿童补充丰富的促进生长、健脑益智营养物质，经常食用对儿童的身体和智力发育均十分有益。

茭耳烩鲫鱼

【原料】　鲫鱼2条（重约500克），茭白150克，水发木耳75克，葱段、姜片各10克，料酒15克，醋2克，鲍鱼汁、湿淀粉各20克，精盐1.5克，胡椒粉0.5克，香油5克。

【制法】　①茭白治净，横切成片。木耳撕成小片。鲫鱼去鳞、鳃、内脏，治净，在鱼身两面均斜剞一字刀，下入沸水锅中余烫捞出。　②锅内放入清水，下入葱段、姜片、料酒、醋、鲫鱼、木耳片烧开。　③下入茭白，加入鲍鱼汁、精盐烧开，烩至熟烂，加胡椒粉，用湿淀粉勾芡，淋入香油，出锅装碗即成。

【特点】　鱼肉鲜嫩，茭白柔嫩，汤汁稠滑，味道鲜美。

【提示】　鲫鱼剞刀刀距为0.8厘米。

【功效】　鲫鱼营养丰富，所富含的优质蛋白质是儿童身体最佳的"建筑材料"和脑细胞的主要成分之一；所富含的钙、磷，是骨骼、牙齿的重要构成材料，参与骨骼、牙齿生长发育及钙化；所含维生素A有促进大脑及全身生长发育的作用；所含维生素D可帮助人体对钙的吸收、利用。木耳是一种高蛋白、低脂肪食品，并富含钙、铁、胡萝卜素、维生素（B_1、B_2）等，所含卵磷脂、脑磷脂对儿童智力开发十分有益。此菜营养全面而丰富，儿童经常食用有利于身体长高和补脑益智。

三色鲫鱼丸

【原料】 净鲫鱼肉 200 克，水发木耳、油菜、番茄各 50 克，鸡蛋 1 个，葱末、蒜末各 5 克，葱姜汁、料酒各 15 克，醋 2 克，精盐、鸡精各 3 克，湿淀粉 10 克，清汤 75 克，花生油 500 克，熟鸡油 8 克。

【制法】 ①鱼肉洗净，沥去水分，剁成细蓉，放入容器内，加入葱姜汁、鸡蛋液、料酒、醋、精盐和鸡精各 1 克，用筷子顺一个方向充分搅匀上劲至呈稠糊状。木耳去根，洗净，撕成小片。油菜择洗干净，切成 2 厘米长的段。番茄去蒂，洗净，切成滚刀块。 ②锅内放入花生油烧至五成热，将鱼肉蓉挤成均匀的小丸子，下入油锅中炸成金黄色、浮起、熟透捞出，沥去油。③锅内留油 20 克，下入葱末、蒜末炝香，下入木耳片、番茄块、油菜段炒匀，加清汤、余下的精盐烧开，加余下的鸡精，用湿淀粉勾芡，下入鱼丸翻匀，淋入熟鸡油，出锅装盘即成。

【特点】 色彩斑斓，外酥里嫩，咸鲜味美。

【提示】 炸鱼丸时火不要过大。

【功效】 鲫鱼营养丰富，可为儿童提供身体生长发育所需的优质蛋白质、脂肪、钙、磷、铁、锌、维生素（A、E、B_1、B_5）等。木耳是一种高蛋白、低脂肪食用菌，富含钙、铁，所含卵磷脂和脑磷脂对儿童智力开发十分有益。油菜富含钙、铁、维生素 C、胡萝卜素等。番茄富含维生素 C。维生素 C 能促进体内抗体的形成，增加机体对疾病的免疫力，促进人体对铁的吸收和利用，是提高脑功能极为重要的营养素。儿童常食此菜对智力和体格发育有益。

金针烧鲫鱼

【原料】 鲫鱼2条（重约600克），金针菇（罐装）150克，豌豆20克，胡萝卜25克，葱段、姜片、蒜瓣各10克，料酒15克，醋2克，精盐3克，湿淀粉10克，鸡汤500克，花生油800克。

【制法】 ①鲫鱼去鳞、鳃、内脏，洗净，在鱼身两面均剞上斜十字花刀。金针菇用沸水焯透捞出，挤去水分，系成结。胡萝卜削去外皮，切成小丁。 ②锅内放油烧至七成热，下入鲫鱼炸至略硬、呈金黄色捞出，沥去油。锅内留油15克，下入葱段、姜片、蒜瓣（拍松）炝香，加鸡汤。 ③下入鲫鱼烧开，拣出葱段、姜片、蒜瓣不用，下入金针菇结、豌豆、胡萝卜丁，加入醋、料酒烧至八成熟，加入精盐，烧至熟透，将鱼取出放入盘内，金针菇结围摆在鲫鱼周围。锅内汤汁用大火收浓，用湿淀粉勾芡，出锅浇在鲫鱼上即成。

【特点】 色形美观，鲜香细嫩

【提示】 鲫鱼要用大火炸制、小火慢烧，芡汁不能过稠。

【功效】 鲫鱼富含蛋白质、钙、磷、铁、维生素（A、B_1），还含有脂肪、锌、维生素E、烟酸等，可为人体补充大量的益智健脑营养物质。金针菇是一种高蛋白、低脂肪食品，含有人体必需的8种氨基酸和丰富的锌、钙、磷、铁及多种维生素等，经常食用可促进大脑发育，增强记忆，开发智力，增加身高和体重。胡萝卜富含胡萝卜素，在人体内可转化为维生素A，可保护视力，预防眼疾，促进儿童的生长发育，增强机体对疾病的免疫力。此菜可为儿童补充丰富的营养素，经常食用有利于儿童身高体壮。

Ertong Yingyang Baojian Cai

番茄鱼球

【原料】 带鱼500克，番茄100克，番茄酱、料酒、葱姜汁、白糖各20克，精盐1克，醋、湿淀粉各10克，干淀粉40克，汤125克，花生油800克。

【制法】 ①带鱼去头、尾、内脏，治净，从中间剖开，剔去鱼骨、刺，剞上斜十字花刀，再切成梯形小块。番茄洗净，切成三角块。 ②鱼肉块放入容器内，加入料酒和葱姜汁各10克、醋2克、精盐拌匀腌渍入味，再逐块蘸匀干淀粉，下入烧至五成热的油中炸成金黄色、卷起、熟透捞出，沥去油。 ③锅内留油15克烧热，下入番茄酱和余下的料酒、葱姜汁、醋炒匀，下入番茄块、白糖、汤炒开，用湿淀粉勾芡，下入炸好的鱼块翻匀，出锅装盘即成。

【特点】 色泽鲜红，外焦里嫩，甜酸鲜美。

【提示】 鱼肉要在肉的一侧剞刀，切忌划破鱼皮。炸鱼块时火不要过大，准确掌握油温。

【功效】 带鱼含蛋白质、脂肪、钙、磷、铁、碘、维生素（A、B_1、B_2、B_5）等，所含脂肪对人的大脑发育十分重要。带鱼外层的银灰色的鱼鳞，含有较多的磷脂和脂肪，磷脂被人体吸收后，能够改善神经系统的功能，增强记忆力。番茄含有丰富的维生素C，在自身有机酸的保护下，即使加热也不易遭到破坏，而维生素C是提高脑功能极为重要的营养素。儿童常吃此菜，可为身体补充丰富的营养素，既有利于促进大脑发育，又有利于骨骼生长。

茄烧带鱼

【原料】 带鱼400克，紫茄子200克，料酒15克，醋2

克，精盐、鸡精各 3 克，胡椒粉 0.5 克，面粉 25 克，蒜末、酱油、湿淀粉各 10 克，花生油 500 克。

【制法】 ①带鱼剁去头、尾，去净内脏，治净，在鱼身两面均斜剞一字刀，再切成段。茄子去蒂，切成条。 ②锅内放油烧至七成热，下入茄条炸至变软，倒入漏勺。锅内放油 100 克烧热，将带鱼段蘸匀面粉，下入锅中煎至底面略硬呈金黄色，翻个，煎至两面均呈金黄色时，滗去多余的油。 ③烹入醋、料酒、酱油，加入清水 450 克烧开，烧 10 分钟，下入茄条、蒜末加入精盐、鸡精，烧至熟透，收浓汤汁，撒入胡椒粉，用湿淀粉勾芡，淋入熟油 10 克，出锅装盘即可。

【特点】 色泽红润，鱼肉细嫩，咸鲜味美。

【提示】 带鱼段要用小火煎制。茄条要用大火炸制。

【功效】 带鱼含丰富的蛋白质、脂肪、糖类、钙、磷、铁、碘、维生素（B₁、B₂、B₅、A）等，其外表那层银白色油脂中还富含磷脂和脂肪，磷脂能够改善神经系统的功能，增强记忆力；而鱼的脂肪对人的大脑发育十分重要。茄子含大量的胆碱、钙、磷、铁、锌、维生素 E 等，胆碱是大脑合成乙酰胆碱的重要原料，乙酰胆碱是大脑记忆信息传递因子，因此多吃含胆碱食品有益智作用。儿童常吃此菜，有促进大脑及全身生长发育的作用。

干炸带鱼

【原料】 带鱼 500 克，葱段、姜片各 10 克，料酒 15 克，醋 12 克，白糖 20 克，精盐 2 克，胡椒粉 1 克，面粉 30 克，花生油 800 克。

【制法】 ①带鱼去头、尾、内脏，洗净，沥去水分，斜剞一字刀，再切成段。葱段、姜片均放入容器内，加入料酒、醋、精盐、白糖、胡椒粉调匀成味汁。 ②带鱼段放入容器内，加入味汁拌匀腌渍入味，拣出葱段、姜片不用。　③加入面粉拌匀，下入烧至五成热的油中炸成金黄色，至熟透捞出，沥去油，装盘即成。

【特点】　色泽金黄，鲜美细嫩，甜酸适口。

【提示】　带鱼剞刀要深至鱼骨，但不要将鱼骨切断，并要保持刀距相等。

【功效】　带鱼营养十分丰富，所含丰富的优质蛋白质对儿童生长发育十分重要；所含丰富的脂肪，对儿童的大脑发育十分重要；所富含的磷脂能够改善神经系统的功能，增强记忆力。此处带鱼与醋、白糖同烹，可提高钙和磷的利用率，使其更好地为人体所利用，儿童常吃此菜，有助于骨骼和大脑发育。

吉利堂牡丹带鱼

【原料】　带鱼650克，葱片、姜片各10克，番茄酱20克，料酒15克，醋2克，精盐3克，胡椒粉0.5克，鸡蛋1个，湿淀粉75克，面粉50克，花生油800克。

【制法】　①带鱼去头、尾、内脏，洗净，揦干水分，剞上牡丹花刀，再切成段。湿淀粉放入容器内，加入鸡蛋液、面粉25克、花生油15克搅匀成蛋粉糊。　②带鱼段放入容器内，下入葱片、姜片，加入用料酒、醋、精盐、胡椒粉对成的味汁，拌匀腌渍入味，拣出葱片、姜片不用。　③锅内放油烧至五成热，将带鱼段蘸匀面粉，拖匀蛋粉糊，下入油锅中炸至熟透捞出，沥去油，围摆在盘内，再将番茄酱放入小碟内，再摆入盘中即成。

【特点】　色泽金黄，外酥里嫩，咸鲜醇美。

【提示】　带鱼剞刀时要保持剞刀深度相等，刀距相等。

【功效】　带鱼营养十分丰富，所含丰富的优质蛋白质，既是脑细胞的主要成分之一，对人的记忆、思考、语言、运动、神经传导等方面都有重要作用；同时也是儿童身体最佳的"建筑材料"，对儿童的体重和身高也有重要作用。带鱼还富含钙、磷、铁、碘及维生素（B_1、B_2、B_5、A）等，所含丰富的脂肪是构成脑细胞的重要成分，对儿童的大脑发育十分重要。此菜可为儿童补充大量的有益于大脑、骨骼和牙齿发育，及增加身高的多种营养素，经常食用有益于儿童健康成长。

彩珠鳙鱼脯

【原料】　净鳙鱼中段（长方形）500克，胡萝卜、莴笋、南瓜各100克，葱段、姜片、蒜瓣各8克，料酒、酱油、蚝油各15克，醋2克，鸡精、精盐各3克，白糖5克，湿淀粉10克，面粉25克，汤450克，花生油100克，熟猪油20克。

【制法】　①鳙鱼中段洗净，沥去水分，从中间剖开，剔下骨、刺，在鱼皮的一侧斜剞十字花刀，再蘸匀面粉。胡萝卜、莴笋、南瓜均去皮（南瓜挖去瓤），再用挖球器挖成直径2厘米的小圆球。　②锅内放入花生油烧热，下入鳙鱼脯煎至两面均呈金黄色，滗去多余的油，烹入醋、料酒、酱油，加汤、白糖、葱段、姜片、蒜瓣，盖上锅盖用大火烧开，改用小火焖烧至七成熟，拣出葱段、姜片、蒜瓣不用。　③下入胡萝卜球、南瓜球，加入精盐、蚝油，盖上锅盖，用小火烧至熟透，下入莴笋球，改用大火把锅中汤汁收至浓稠，将鳙鱼脯取出，鱼皮朝上摆入盘中，南瓜球、胡萝卜球、莴笋球相间摆在鳙鱼脯的周围。锅内汤汁中加鸡精，用湿淀粉勾芡，淋入熟猪油，出锅浇在盘内鳙鱼脯上即成。

【特点】　色形美观，细嫩鲜香，诱人食欲。

【提示】　煎鳙鱼脯时要用小火，一面煎黄后再翻个儿煎另一面。

儿童营养保健菜

【功效】　鳙鱼肉富含优质蛋白质、钙、磷、铁、锌、维生素（B₁、B₂、E）等，可暖胃、益脑、去头眩、强筋骨。儿童常食有补充大脑营养，促进骨骼生长的作用。胡萝卜富含胡萝卜素、维生素（C、E）、钙、磷、铁、糖类等，胡萝卜素在人体内可转化为维生素A，有保护视力，促进儿童生长发育，提高机体免疫力等作用。此菜可为儿童提供生长发育所需的多种营养素，常食有利于孩子的健康成长和发育。

鸡汤草菇鳙鱼丸

【原料】　净鳙鱼肉250克，草菇100克，鸡蛋1个，葱姜汁、湿淀粉各20克，料酒15克，蒜末10克，醋2克，精盐、白糖各3克，胡椒粉0.5克，鸡汤200克，植物油800克，熟鸡油8克。

【制法】　①鳙鱼肉洗净，沥去水分，剁成细蓉，放入容器内，加入鸡蛋液、葱姜汁、醋、胡椒粉、料酒和湿淀粉各10克、精盐和白糖各1.5克，用筷子顺一个方向搅匀上劲至黏稠。草菇洗净，沥去水分。　②锅内放入植物油烧至五成热，将调好的鱼肉蓉挤成直径2.5厘米的丸子，下入油锅中，用小火炸成金黄色、浮起、熟透捞出，沥去油。　③锅内留油15克，下入蒜末炝香，下入草菇略炒，加鸡汤和余下的料酒、精盐、白糖炒开，烧至熟烂，收浓汤汁，下入鱼丸炒匀，用余下的湿淀粉勾芡，淋入熟鸡油，出锅装盘即成。

【特点】　鱼丸外酥里嫩，草菇细嫩鲜美。

【提示】　炸鱼丸时要用手勺不停地在锅中推搅，使其受热均匀。

【功效】　鳙鱼肉富含优质蛋白质、钙、磷、铁、锌、维生素（B₁、B₂、E）等，可暖胃、益脑、去头眩、强筋骨。儿童常食有补充大脑营养，促进骨骼生长的作用。草菇是一种高蛋白、低脂肪的食用菌，富含赖氨酸和维生素C，赖氨酸对儿童有增高、增重、提高免疫力、增加血红蛋白、明显提高智力等作用。二物同烹成菜，儿童常食有助于骨骼和大脑发育，并可防治骨质疏松。

荠菜煮鱼丸

【原料】 净鳊鱼肉150克，荠菜100克，胡萝卜、香菇、料酒、葱姜汁各20克，醋2克，精盐、鸡精各3克，白糖2.5克，鸡蛋清1个，湿淀粉10克，清汤600克，香油15克。

【制法】 ①鱼肉洗净，沥去水分，剁成细蓉，放入容器内，加入鸡蛋清、湿淀粉、白糖、醋、香油10克和料酒、葱姜汁、精盐、鸡精各半，用筷子顺一个方向充分搅匀上劲至黏稠。荠菜择洗干净，沥去水分，切碎。胡萝卜洗净，去皮，香菇去蒂，洗净，均切成细粒。 ②锅内放入清汤、余下的料酒和葱姜汁，下入胡萝卜粒、香菇粒烧开，再将调好的鱼肉蓉挤成均匀的丸子，下入汤锅中烧开。 ③下入碎荠菜，加入余下的精盐烧开，煮至熟透，加入余下的鸡精，淋入余下的香油，出锅装碗即成。

【特点】 鱼丸细嫩，汤汁咸鲜。

【提示】 鱼丸入汤锅后，要用小火烧开、煮制。

【功效】 鳊鱼肉富含优质蛋白质、钙、磷、铁、锌、维生素（B_1、B_2、E）等，可暖胃、益脑、去头眩、强筋骨。儿童常食有补充大脑营养，促进骨骼生长的作用。荠菜富含胡萝卜素、维生素C、钾、钠、钙、磷、铁、锰、胆碱、乙酰胆碱等，儿童常食可补钙壮骨，健脑益智。胡萝卜富含胡萝卜素、维生素（C、E）等，常食可保护视力，促进儿童生长发育，提高机体免疫力。儿童常吃此菜，对脑及身体发育均有好处，并可促进骨骼增长。

酥炸银鱼

【原料】 银鱼 300 克，葱段、姜片各 15 克，鸡蛋 1 个，料酒 10 克，醋、精盐各 3 克，白糖 2 克，湿淀粉 75 克，面粉 50 克，花生油 800 克。

【制法】 ①银鱼挤去内脏，治净，沥去水分，放入容器内，加入用料酒、醋、精盐、白糖、葱段、姜片对成的味汁拌匀，腌渍入味，拣出葱段、姜片不用。 ②湿淀粉放入容器内，加入鸡蛋液、面粉 25 克、花生油 10 克及适量温水调匀成稠蛋粉糊。余下的面粉加入银鱼内抓匀。 ③锅内放油烧至五成热，将银鱼拖匀蛋粉糊，下入油锅中炸至熟透、浮起捞出，沥去油，装盘即成。

【特点】 色泽金黄，外酥里嫩，咸鲜味美。

【提示】 炸银鱼时火不要过大，以免炸煳。

【功效】 银鱼是一种高蛋白、低脂肪食物，还含有丰富的钙及铁、磷、锌、糖类、维生素（B_1、B_2、B_5）等。鸡蛋富含蛋白质、脂肪、糖类、钙、磷、铁、锌、维生素（A、E、D、B 族）、卵磷脂等，所富含的维生素D在人体内可调节钙、磷代谢，促进钙、磷的吸收和利用，以构成健全的骨骼和牙齿。此菜可为儿童补充丰富的钙、磷，同时还可补充丰富的蛋白质、锌、维生素（A、D）等，有助于骨骼和大脑发育，儿童常吃还有利于身体长高。

兰花煮银鱼

【原料】 银鱼、西兰花各 150 克，水发香菇 75 克，冬笋 20 克，葱段、姜片各 10 克，料酒 12 克，鲍鱼汁 25 克，醋 1 克，精盐1.5克，白糖2克，胡椒粉0.5克，鸡清汤600克，熟鸡油3克。

【制法】　①银鱼挤去内脏，治净。西兰花切成小块。香菇切成块。冬笋切成片。锅内放入清水烧开，下入冬笋片、香菇块烧开，焯透捞出，沥去水分。　②锅内放鸡清汤，下入香菇块、冬笋片、葱段、姜片烧开，煮5分钟，拣出葱段、姜片不用，下入西兰花块烧开。　③下入银鱼，加入料酒、醋烧开，加入鲍鱼汁、精盐、白糖，煮至熟烂，加胡椒粉、熟鸡油，出锅装碗即成。

【特点】　兰花爽嫩，香菇柔滑，汤汁咸鲜。

【提示】　切好的西兰花块要放入淡盐水中浸泡一会儿，以便去除残留在上面的农药。

【功效】　银鱼富含优质蛋白质、钙、磷、维生素B₂、烟酸等，可补虚健胃，益肺利水，对小儿疳积、腹胀有疗效。西兰花富含蛋白质、糖类、脂肪、钙、磷、铁、胡萝卜素、维生素（A、B族、C）等，可补脑髓，利脏腑，开胸膈，益心力，强筋骨。香菇富含优质蛋白质、钙、磷、铁、锌、维生素（A、B族、E、D、C）等，所含香菇多糖对儿童有增高增重，提高免疫力，增加血红细胞，提高智力等作用。此菜营养丰富，儿童经常食用，对体格和大脑发育均有好处。

珍珠银鱼泥

【原料】　银鱼500克，鹌鹑蛋100克，毛豆50克，料酒、葱姜汁各15克，醋、精盐各3克，白糖2克，胡椒粉0.5克，湿淀粉10克，鸡汤100克，香油8克。

【制法】　①银鱼去头，挤去内脏，洗净，沥去水分，放入容器内，加入料酒、葱姜汁、醋、精盐2克、白糖、胡椒粉拌匀，腌渍10分钟入味。毛豆洗净，放入碗内，加入余下的精

盐拌匀，腌渍10分钟。 ②鹌鹑蛋放入锅内，加入清水，盖上锅盖，用小火烧开，煮至熟透捞出，放入冷水中浸泡一会儿捞出，剥去壳，再将蛋清和蛋黄剥离备用。银鱼、毛豆均放入蒸锅内，用大火蒸至熟烂取出。银鱼、蛋清均压成泥状（银鱼骨刺拣出）。 ③锅内放入鸡汤烧开，加入银鱼泥、蛋清泥、毛豆、湿淀粉炒熟，加入香油炒匀，出锅装盘，再将鹌鹑蛋黄均匀地摆在银鱼泥上即成。

【特点】 柔软细嫩，味道鲜美。

【提示】 鹌鹑蛋黄的1/2要镶入银鱼泥内。

【功效】 银鱼含钙、磷丰富，钙和磷都是骨骼、牙齿的重要构成材料，参与骨骼、牙齿生长发育及钙化的作用。鹌鹑蛋富含优质蛋白质、铁、钙、磷、锌及多种维生素、卵磷脂等，所含维生素D可帮助钙质吸收。儿童常食此菜，可为身体及大脑补充所需的多种营养素，能预防因缺钙、缺磷而引发的一系列不良症状。

红烧黄鱼

【原料】 黄鱼2条（重约800克），口蘑、洋葱各30克，豌豆20克，葱、姜、蒜、湿淀粉各10克，料酒、酱油各15克，醋2克，精盐3克，白糖5克，汤500克，花生油1000克。

【制法】 ①黄鱼去鳞、鳃、内脏，治净，在鱼身两面均剞上坡刀。洋葱切成丝。口蘑切成片。姜、蒜均去皮，切成片。葱斜切成段。 ②锅内放油烧至七成热，下入黄鱼炸成金黄色、外表脆硬捞出，沥去油。锅内留油20克，下入葱段、姜片、蒜片炝香，下入洋葱丝略炒，烹入料酒、酱油炒匀，加汤烧开。 ③下入黄鱼、口蘑片、豌豆烧开，加入醋，用小火烧至七成熟，加精盐、白糖烧至熟透，用大火收浓汤汁，用湿淀粉勾芡，出锅装盘即成。

【特点】 色泽红润，细嫩咸鲜。

【提示】 烧制时要勤晃锅，以免煳底。

【功效】 黄鱼是一种高蛋白、低脂肪食物，富含钙、磷、铁、锌、糖类、维生素（B_1、B_2、B_5、E）、碘等，含有 17 种氨基酸，所含脂肪对人的大脑发育十分重要。口蘑是一种高蛋白、低脂肪食品，富含锌、钙、铁、维生素（A、B 族、C、E）及人体必需的 8 种氨基酸等。此菜可为儿童补充丰富的氨基酸。

浇汁黄鱼片

【原料】 净黄鱼肉 300 克，葱段、姜片各 15 克，鸡蛋 1 个，料酒 20 克，醋 10 克，酱油 8 克，白糖 25 克，精盐 2 克，湿淀粉 85 克，面粉 50 克，花生油 800 克。

【制法】 ①黄鱼肉洗净，沥去水分，抹刀切成 0.3 厘米厚的片，再改切成 2 厘米见方的片，放入容器内，加入葱段、姜片、料酒 10 克、精盐拌匀，腌渍 15 分钟入味。鸡蛋磕入碗内，加入湿淀粉 75 克、面粉 15 克、适量清水调匀成蛋粉糊。②锅内放油烧至五成热，将黄鱼片逐一蘸匀面粉，挂匀蛋粉糊，下入油锅中用小火炸成金黄色、熟透捞出，沥去油，装入盘中。 ③净锅内放入清水 100 克，加入白糖、酱油、余下的料酒、醋烧开，用余下的湿淀粉勾芡，淋入花生油 10 克炒匀，出锅浇在盘内鱼片上即成。

【特点】 色泽黄亮，外酥内嫩，甜酸适口。

【提示】 准确掌握油温和火候，不要炸过火。

【功效】 黄鱼肉富含优质蛋白质、钙、磷、铁、锌、碘及多种维生素等，可补气，开胃，填精，安神，明目。儿童常食对大脑及身体发育有益。黄鱼肉配以糖、醋同烹成菜，可提高钙和磷的利用率，可更好为人体所吸收。儿童常吃此菜有助

于骨骼和大脑发育，并可预防骨质疏松。

黄鱼丸莼菜汤

【原料】 净大黄鱼肉150克，莼菜100克，姜片、料酒各15克，葱段8克，葱姜汁10克，醋1克，精盐、鸡精各3克，白糖2克，胡椒粉0.5克，鸡蛋清1个，湿淀粉5克，清汤600克。

【制法】 ①黄鱼肉洗净，沥去水分，制成蓉，放入容器内，加入葱姜汁、醋、白糖、胡椒粉、鸡蛋清、湿淀粉、料酒10克、精盐1克，用筷子顺一个方向充分搅匀上劲至黏稠。莼菜洗净，沥去水分。 ②锅内放入清水烧开，将调好的鱼蓉挤成均匀的丸子，下入锅中用小火烧开，煮至熟透捞出，沥去水分。另将锅内放入清汤、余下的料酒，下入姜片、葱段烧开，煮3分钟。 ③下入莼菜烧开，下入鱼丸，加入余下的精盐烧开，拣出葱段、姜片不用，加鸡精，出锅装碗即成。

【特点】 鱼丸细嫩，莼菜滑嫩，汤清味鲜。

【提示】 黄鱼肉要先片成大片，再用刀背砸成细蓉。

【功效】 大黄鱼肉富含优质蛋白质、钙、磷、铁、锌、碘及多种维生素等，可补气，开胃，填精，安神，明目。莼菜含有丰富的钙、磷、铁、锌、维生素（A、C、E）、甘露糖等，对儿童恶性贫血、多动症、锌缺乏症等均有较好的补益作用。二物同烹成菜，儿童常食对大脑及身体发育均有益，并可促进个头长高。

干炸小黄花鱼

【原料】 小黄花鱼5条（重约750克），葱片、姜片各20克，醋、精盐各3克，胡椒粉0.5克，白糖5克，料酒、干淀粉各 25 克，花生油 1000 克。

【制法】　①小黄花鱼去鳞、鳃、内脏，洗净，在鱼身两面均剞上坡刀。料酒放入容器内，加入醋、精盐、白糖、胡椒粉、葱片、姜片调匀成味汁。　②小黄花鱼放入容器内，加入味汁拌匀腌渍入味，取出小黄花鱼，逐条蘸匀干淀粉。　③锅内放油烧至五成热，下入小黄花鱼，炸至熟透捞出，沥去油，装盘即成。

【特点】　色泽金黄，外焦里嫩，味道鲜美。

【提示】　小黄花鱼剞刀时要保持刀距和入刀深度相等。

【功效】　小黄花鱼营养丰富，富含蛋白质、脂肪、锌、钙、磷、铁、碘、维生素（B_1、B_2、B_5、E）等，还含有核酸和人体必需的 8 种氨基酸等，可补肾填精，开胃益气。此菜可为儿童补充丰富的优质蛋白质、优质脂肪酸、钙、磷、铁、锌、碘及多种维生素，儿童常吃此菜有利于大脑和身体生长发育，使儿童身高、体壮、聪明。

丰 收 鱼

【原料】　草鱼 1 条（重约 750 克），净鸡肉 150 克，蕨菜（罐装）75 克，蒜丝 10 克，料酒、葱姜汁各 20 克，精盐 3克，枸杞子、醋、湿淀粉各 15 克，白糖、番茄酱各 25 克，鸡蛋1 个，鸡蛋清半个，干淀粉 50 克，花生油 1000 克。

【制法】　①草鱼去鳞、鳃、内脏，治净，从脊背片开，成头、尾完整并相连的片状，向头部倾斜斜剞成厚片，再顺剞成条状。鸡肉切成丝。蕨菜切成段。枸杞子浸泡至回软。　②鸡丝用料酒 5 克、精盐 0.5 克拌匀腌渍入味，再用鸡蛋清、干淀粉 3 克拌匀上浆。草鱼放入容器内，加入葱姜汁、余下的料酒、精盐 1 克拌匀腌渍入味，再加入搅散的鸡蛋液抓匀，撒上余下

的干淀粉蘸匀，用双手分别提起鱼头、鱼尾，向内翻卷，下入烧至六成热的油锅内，炸至定型捞出，待油温烧至八成热时，下入草鱼冲炸至呈金黄色捞出，摆入盘内。　③锅内留油15克，下入番茄酱、醋、白糖炒匀，加入清水50克炒开，用湿淀粉10克勾芡，淋入油10克炒匀，出锅浇在盘内草鱼上。净锅内放油20克烧热，下入蒜丝炝香，下入鸡丝炒至断生，下入蕨菜段、枸杞子炒匀，加入余下的精盐翻炒至熟，用余下的湿淀粉勾芡，出锅盛在盘内草鱼上即成。

【特点】　色泽油亮鲜艳，鱼肉酥嫩甜酸，鸡丝咸香鲜美。

【提示】　草鱼内脏要从鱼鳃处取出。草鱼剞刀要深至鱼皮，但切忌将鱼皮划破。

【功效】　草鱼肉嫩味鲜，营养丰富，为河鲜之上品，所富含的优质蛋白质是儿童身体和大脑发育不可缺少的重要成分之一；所含不饱和脂肪酸对人的大脑发育十分重要；钙质是组成骨骼的主要材料，维生素D可帮助人体对钙的吸收和利用，有较强的滋补强筋作用。鸡肉富含优质蛋白质、不饱和脂肪酸、多种无机盐和丰富的维生素，是强筋健骨、健脑益智佳品。此菜营养全面而丰富，儿童常吃此菜有助于身体长高、强壮，并有健脑益智功效。

黑芝麻草鱼球

【原料】　净草鱼肉300克，黑芝麻100克，鸡蛋1个，料酒、葱姜汁各15克，精盐2克，奶粉20克，牛奶50克，干淀粉10克，花生油800克。

【制法】　①草鱼肉洗净，沥去水分，剁成蓉，放入容器内，加入鸡蛋液、料酒、葱姜汁、精盐、奶粉、牛奶、干淀粉，用筷子顺一个方向充分搅匀上劲至黏稠。　②黑芝麻平铺在盘内，将调好的草鱼肉蓉制成丸子，放在黑芝麻内滚匀成黑芝麻草鱼球生坯。　③锅内放油烧至五成热，下入黑芝麻草鱼球生坯，用小火炸至浮起、熟透捞出，沥去油，装盘即成。

【特点】　乌黑油亮，外酥里嫩，奶香浓郁。

【提示】　黑芝麻草鱼球生坯入油锅后，要用手勺沿锅底推搅，使其受热均匀。

【功效】　草鱼肉富含优质蛋白质、脂肪、钙、磷、铁、锌、维生素（B_1、B_2、E）等，有较强的滋补养筋作用，儿童常食有利大脑及身体发育。黑芝麻是一种高铁、高钙、高蛋白的三高食品，并富含不饱和脂肪酸、维生素E、卵磷脂等，可补肝肾，益精血，润肠燥。牛奶、奶粉均富含优质蛋白质、钙、维生素（A、D）等，维生素D可帮助钙质吸收。诸物同烹，是儿童一款美味营养保健菜肴，常食对大脑及身体发育均有好处，并有助身体长高。

翡翠草鱼饼

【原料】　净草鱼肉250克，油菜100克，胡萝卜、水发木耳各20克，蒜末8克，料酒15克，酱油12克，醋2克，精盐、鸡精各3克，白糖1克，胡椒粉0.5克，鸡蛋清1个，湿淀粉10克，汤100克，花生油150克。

【制法】　①草鱼肉洗净，沥去水分，剁成蓉，放入容器内，加入料酒10克、醋、精盐1.5克、白糖、胡椒粉、鸡蛋清，用筷子顺一个方向充分搅匀上劲至黏稠。油菜择洗干净，切成2厘米长的段。胡萝卜洗净，去皮，切成菱形片。木耳去根，洗净，撕成小片。　②锅烧热，加入花生油125克烧热，将调好的草鱼蓉挤成直径3厘米的丸子，摆入锅中，再按扁成小圆饼，煎至底面脆硬，翻个儿，煎至两面均脆硬时，出锅倒入漏勺，沥

去油。 ③锅内放余下的花生油烧热，下入蒜末炝香，下入木耳片、胡萝卜片、油菜段炒匀，加汤、酱油、余下的料酒和精盐烧开，加鸡精，用湿淀粉勾芡，下入草鱼饼翻匀，出锅装盘即成。

【特点】 色彩鲜亮，肉饼酥嫩，咸鲜味美。

【提示】 煎鱼肉饼时火不要过大，以免外糊内生。

【功效】 草鱼肉营养丰富，可为儿童提供大量生长发育所需的优质蛋白质、脂肪、钙、磷、铁、锌、维生素（B_1、B_2、E）等，常食对大脑及身体发育均有好处。油菜富含钙、铁、胡萝卜素、维生素C及脂肪、蛋白质等，是补钙、补铁佳蔬，所富含的维生素C可促进机体对铁的吸收和利用，增加机体对疾病的免疫力，也是提高脑功能不可缺少的营养素。胡萝卜富含胡萝卜素、维生素（C、E）、钙、铁、糖类等。木耳富含钙、铁、胡萝卜素、卵磷脂、脑磷脂等。诸物同烹成菜，是儿童一款美味保健菜肴。

鱼皮炒豆皮

【原料】 草鱼皮200克，豆皮50克，青椒35克，葱片、姜片、蒜片各5克，醋、精盐各3克，白糖2克，胡椒粉0.5克，湿淀粉8克，鸡汤75克，植物油20克，料酒、熟鸡油各10克。

【制法】 ①豆皮用温水浸泡至回软捞出，沥去水分，与治净的鱼皮、青椒分别切成菱形片。鱼皮片下入加有醋的沸水锅中余透捞出。 ②锅内放植物油烧热，下入葱片、姜片、蒜片炝香，下入鱼皮略炒，烹入料酒炒匀。 ③下入豆皮片、青椒片炒匀，加鸡汤、精盐、白糖、胡椒粉炒熟，用湿淀粉勾芡，淋入熟鸡油，出锅装盘即成。

【特点】 色泽油亮，鲜香嫩滑。

【提示】　勾芡一定要稠稀适中。

【功效】　草鱼皮富含蛋白质、脂肪、胶质、钙、磷、铁、锌、维生素（B_1、B_2、B_5、E）等，可暖中和胃，滋补强筋；所含不饱和脂肪酸对人的大脑发育十分重要。豆皮富含优质蛋白质、糖类、不饱和脂肪酸、钙、磷、铁、维生素（B_1、B_2）等，所含卵磷脂、脑磷脂对儿童智力开发十分有益。青椒富含维生素C，可促进人体对铁的吸收和利用，也是提高脑力不可缺少的营养素。三物同烹成菜，是儿童一款补充营养，增强体质、长高增重、提高智力美味营养菜肴。

双豆鳊鱼丁

【原料】　净鳊鱼肉150克，水发黄豆、毛豆各75克，胡萝卜、水发香菇各25克，蒜末8克，料酒20克，酱油10克，醋1克，精盐、鸡精各3克，白糖2克，湿淀粉13克，汤100克，植物油350克，熟鸡油15克。

【制法】　①鳊鱼肉洗净，沥去水分，切成1厘米见方的丁，放入容器内，加入醋、料酒10克、精盐0.5克拌匀腌渍入味，再加入湿淀粉3克拌匀上浆。黄豆、毛豆均洗净。胡萝卜洗净，去皮，香菇去蒂，洗净，均切成丁。　②锅内放入植物油烧至四成热，下入鱼丁滑散至熟，出锅倒入漏勺，沥去油。锅内放入植物油20克烧热，下入蒜末炝香，下入黄豆、毛豆、香菇丁、胡萝卜丁炒匀，加汤、酱油、余下的料酒和精盐、白糖炒开，烧至熟烂。　③下入鳊鱼丁，加入鸡精炒匀，用余下的湿淀粉勾芡，淋入熟鸡油，出锅装盘即成。

【特点】　色彩斑斓，细嫩柔滑，咸香鲜美。

【提示】　烧制时要用小火。勾芡一定要薄。

【功效】　鳊鱼肉富含蛋白质、脂肪、钙、磷、铁、锌、维

生素（B_1、B_2、B_5、E）等，可补脾养胃，儿童常食对大脑和身体发育有益。黄豆、毛豆富含优质蛋白质、不饱和脂肪酸、钙、磷、铁、B族维生素等，所富含的赖氨酸、天门冬氨酸、谷氨酸、胆碱等对人体脑神经发育有促进作用，并能增强人的记忆力。儿童常食此菜对大脑和身体发育均有促进作用，并有助于儿童身体长高。

双冬烧鳊鱼

【原料】　鳊鱼1条（重约750克），水发冬菇50克，冬笋20克，葱段、蒜片、湿淀粉各10克，料酒、酱油各15克，醋2克，精盐、鸡精各3克，白糖5克，花生油850克。

【制法】　①冬笋切成片。冬菇略大的从中间切开。鳊鱼去鳞、鳃、内脏，治净，在鱼身两面均剞上斜十字花刀，下入烧至七成热的油中，炸至外表略硬捞出，沥去油。　②锅内留油20克，下入葱段、蒜片炝香，下入冬菇略炒，下入冬笋炒匀，加清水500克、料酒、酱油、醋烧开。　③下入鳊鱼，加入鸡精、白糖，用大火烧开，改用小火烧20分钟，加入精盐，继续用小火烧至熟透，将鳊鱼取出，放入盘内。锅内汤汁用大火收浓，用湿淀粉勾芡，出锅浇在盘内鳊鱼上即成。

【特点】　色泽红润，鱼肉细嫩，咸鲜微甜。

【提示】　鳊鱼剞刀刀距为1.5厘米。炸鳊鱼时要用大火。

【功效】　鳊鱼含有丰富的蛋白质、脂肪、糖类、钙、磷、铁、锌、维生素（B_1、B_2、B_5、E、D）等。香菇富含优质蛋白质、钙、磷、铁、锌、维生素（A、B族、C、E、D）等。此菜可为儿童补充丰富的优质蛋白质、不饱和脂肪酸、钙、磷、锌、铁及多种维生素等，可补脾养胃，强身壮骨，健脑益智，并有利于儿童身体长高。

兰花珍珠

【原料】 净青鱼肉、西兰花各150克，胡萝卜100克，鸡蛋清1个，葱段、姜片、湿淀粉各10克，料酒15克，姜汁1克，精盐3克，醋、白糖各2克，干淀粉5克，清汤200克，植物油20克，熟鸡油10克。

【制法】 ①西兰花切成小块。胡萝卜制成小圆球状。青鱼制成蓉，放入容器内，加入料酒、醋、姜汁、精盐2克、白糖、干淀粉、鸡蛋清、熟鸡油搅匀上劲，制成均匀的丸子，下入清水锅中烧开，煮熟捞出。 ②锅内放入植物油烧热，下葱段、姜片炝香，下入胡萝卜球、西兰花块略炒，加清汤、余下的精盐炒开，烧至熟烂，拣出葱段、姜片不用。 ③下入鱼丸炒开，烧至汤汁将尽，用湿淀粉勾芡，出锅装盘即成。

【特点】 色泽美观，鱼丸细嫩，咸鲜清爽。

【提示】 鱼肉要先用刀片成片，再用刀背砸成细蓉泥。鱼丸要用小火煮制。

【功效】 青鱼肉富含蛋白质、钙、磷、铁、锌，还含有脂肪、糖类、维生素（B_1、B_2、B_5、D、E）、核酸等。西兰花富含蛋白质、糖类、钙、磷、铁、维生素（A、B族、C）等。胡萝卜富含胡萝卜素、糖类、钙、磷、铁、蛋白质等。此菜可为儿童补充丰富的优质蛋白质、钙、磷、铁、锌及多种维生素、脂肪等，有利于骨骼、牙齿和大脑发育。

煎草菇青鱼饼

【原料】 净青鱼肉250克，草菇75克，猪五花肉25克，毛豆、胡萝卜、料酒、葱姜汁各15克，鸡蛋1个，葱末8克，醋

2克，精盐、鸡精、白糖各3克，胡椒粉0.5克，湿淀粉5克，清汤100克，花生油150克，香油10克。

【制法】 ①青鱼肉、猪五花肉、草菇均洗净，沥去水分，剁成蓉，放入容器内，加入鸡蛋液、葱姜汁、醋、白糖、胡椒粉、湿淀粉、料酒8克、精盐和鸡精各1.5克，用筷子顺一个方向充分搅匀上劲至黏稠状馅料。 ②胡萝卜洗净，去皮，切成小丁，与毛豆一同下入加有精盐0.5克的200克沸水锅中，用大火烧开捞出，沥去水分，放入碗内，加入葱末、香油和余下的所有调料（不含花生油）调匀成味汁。 ③锅烧热，加入花生油，将调好的鱼肉馅分成10等份，均制成圆球状，再摆入锅中，按扁成圆形饼坯，煎至底面金黄时翻个儿，煎至两面均呈金黄色时，滗去多余的油，再淋入调好的味汁，晃动锅，用中火把汤汁收干，出锅装盘即成。

【特点】 色泽美观，外酥里嫩，咸鲜香醇。

【提示】 煎制时要用小火，一面煎熟后再翻个，煎另一面。

【功效】 青鱼肉营养丰富，可为儿童提供大量生长发育所需的优质蛋白质、钙、磷、铁、锌及脂肪、糖类、核酸、维生素（B_1、B_2、B_5、E、D）等，常食对儿童的大脑及身体发育均有好处。草菇富含优质蛋白质、多种无机盐和维生素，尤以赖氨酸、维生素C含量大，常食对大脑、身体发育有好处。诸物与毛豆、胡萝卜同烹成菜，儿童常食可增高增重，增强免疫力，促进大脑发育，健脑强身。

双菜煮鲮鱼丸

【原料】 净鲮鱼（雪龟）肉100克，生菜50克，紫菜10克，葱段、姜片各8克，料酒15克，醋1克，精盐、鸡精各3克，白糖2克，胡椒粉0.5克，鸡蛋清1个，清汤650克，湿淀粉5克，熟鸡油4克。

【制法】　①鱼肉洗净，沥去水分，剁成细蓉，放入容器内，加入料酒5克、醋、胡椒粉、白糖、精盐和鸡精各1克、鸡蛋清、湿淀粉，用筷子顺一个方向充分搅匀上劲至呈稠糊状。生菜洗净，与紫菜均撕成片。　②锅内放入清汤，下入葱段、姜片烧开，将调好的鱼肉蓉挤成均匀的丸子，下入清汤锅中烧开，煮至八成熟，拣出葱段、姜片不用。　③下入生菜片、紫菜片，加入余下的料酒和精盐煮熟，加余下的鸡精，淋入熟鸡油，出锅装碗即成。

【特点】　色泽素雅，鱼丸细嫩，汤清味鲜。

【提示】　煮鱼丸时要用小火，并随时撇去汤中浮沫。

【功效】　鲮鱼肉富含优质蛋白质、钙、磷、铁、锌、维生素（B_1、B_2、B_5、E、D）等，可补益脾胃，行气活血，强筋壮骨，儿童常食有助于骨骼和大脑发育。生菜富含钙、磷、铁、维生素（A、B族）等，儿童常食有助骨骼生长，对换牙、长牙也有帮助。紫菜营养丰富，钙、磷、铁、锌、胡萝卜素、维生素（B_1、B_2、B_{12}、C）、蛋白质、胆碱等的含量较多，儿童常食有利大脑和身体发育。三物同烹成菜，儿童常食有助大脑和身体发育，也有利身体长高。

蜇菇果仁鲮鱼羹

【原料】　净鲮鱼肉75克，水发香菇、海蜇皮、花生仁、湿淀粉各25克，豌豆、胡萝卜各15克，蒜末、姜末各5克，料酒、酱油各10克，醋2克，精盐、鸡精各3克，猪骨头汤650克，植物油20克。

【制法】　①花生仁洗净，沥去水分，放入容器内，加入温水浸泡至涨起捞出。香菇去蒂，洗净，胡萝卜洗净，去皮，蜇

皮洗净，均切成细粒。豌豆洗净。鲅鱼肉洗净，剁成蓉。　②锅内放油烧热，下入蒜末、姜末炝香，下入鱼肉蓉炒散，下入香菇粒、胡萝卜粒、豌豆炒开，加入醋、料酒、酱油炒匀，加猪骨头汤。　③下入花生仁、海蜇皮粒，加入精盐烧开，煮至熟烂，加鸡精，用湿淀粉勾芡，出锅装碗即成。

【特点】　色泽美观，软烂稠滑，红润咸鲜。

【提示】　花生仁一定要浸泡至透。

【功效】　鲅鱼肉营养丰富，可为儿童提供生长发育所需的优质蛋白质、不饱和脂肪酸、钙、磷、铁、锌、维生素（B_1、B_2、B_5、E、D）等，常食有助于骨骼和大脑发育。海蜇皮是一种高蛋白、低脂肪海产品，并富含钙、铁、碘，所含胆碱是大脑合成乙酰胆碱的重要原料，乙酰胆碱是大脑记忆信息传递因子，常食海蜇皮能起益智作用。儿童常食此菜，对骨骼和大脑发育有益。

双蔬鲳鱼丸

【原料】　净鲳鱼肉、番茄各150克，青椒、猪五花肉各50克，蒜末10克，料酒、葱姜汁各15克，醋2克，精盐、鸡精各3克，湿淀粉20克，鸡蛋清1个，植物油25克，香油5克。

【制法】　①鲳鱼肉洗净，沥去水分，剁成蓉。猪五花肉洗净，沥去水分，剁成蓉。番茄去蒂，洗净，切成滚刀块。青椒去蒂、去子，洗净，切成菱形小块。　②鱼肉蓉、猪肉蓉均放入容器内，加入料酒、醋、葱姜汁、鸡蛋清、香油、精盐1克，用筷子顺一个方向充分搅匀上劲至黏稠，再加入湿淀粉10克搅匀，用手挤成直径2.5厘米的丸子，摆在盘中，入蒸锅用大火蒸至熟透取出。　③锅内放入植物油烧热，下入蒜末炝香，下入番茄块、青椒块炒熟，加入清水75克、余下的精盐炒开，加鸡精，用余下的湿淀粉勾芡，下入鱼肉丸翻匀，出锅装盘即成。

【特点】 色泽美观，鱼丸细嫩，咸香鲜美。

【提示】 蒸鱼肉丸的盘子要先薄薄刷上一层植物油，再摆上鱼肉丸生坯。

【功效】 鲳鱼富含优质蛋白质、脂肪、糖类、钙、磷、铁、维生素（B_2、B_5）等，可健脾养血，补肾充精，柔筋利骨；所含不饱和脂肪酸对儿童的大脑发育非常重要。番茄富含钙、铁、维生素C等，维生素C可促进人体对铁的吸收和利用，也是儿童提高脑功能极为重要的营养素。青椒富含钙、维生素C等。此菜可为儿童提供生长发育所需的优质蛋白质、钙、磷、铁、维生素C等，儿童常食有助于智力和身体发育。

多彩虹鳟鱼

【原料】 虹鳟鱼1条（重约700克），水发木耳、口蘑、青椒、红甜椒、料酒各15克，葱、姜、蒜、湿淀粉各10克，醋2克，精盐、白糖各3克，胡椒粉0.5克，清汤150克，熟鸡油20克。

【制法】 ①红甜椒、青椒、口蘑、木耳、蒜均切成丁。葱斜切成段。姜切成片。虹鳟鱼去鳞、鳃、内脏，治净，在鱼身两面均剖上柳叶花刀，再从鱼腹处入刀剖开成脊背相连的两片。②虹鳟鱼放入容器内，推入沸水锅中，加入醋，余烫捞出，沥去水分，放入容器内，加入料酒、精盐2克、白糖、胡椒粉抹匀腌渍入味，再放入葱段、姜片，入蒸锅内用大火蒸至熟透取出，拣出葱段、姜片不用，汤汁滗入容器内，鱼推入盘中。 ③锅内放熟鸡油烧热，下入蒜丁炝香，下入口蘑丁、木耳丁炒熟，下入青椒丁、红甜椒丁炒匀，加清汤、蒸鱼的原汁、余下的精盐烧开，用湿淀粉勾芡，出锅浇在盘内虹鳟鱼上即成。

【特点】 色彩鲜艳，细嫩鲜滑。

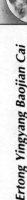

【提示】　虹鳟鱼剞刀时要刀距相等，左右对称。

【功效】　虹鳟鱼是一种高蛋白、低脂肪的食物，富含钙、磷、锌、维生素（B₁、B₂、B₅、E、D）等，其脂肪中含有多种不饱和脂肪酸，对人的大脑十分重要。口蘑富含蛋白质、钙、磷、锌、维生素（A、B族、C、E）和人体必需的8种氨基酸，其中赖氨酸含量丰富，可使儿童增高增重，增强记忆，提高免疫力。此菜可为儿童补充大量的优质蛋白质、钙、磷、锌及多种维生素，经常食用有利于身高体壮，头脑聪慧。

牡蛎鲈鱼丸

【原料】　净鲈鱼肉150克，净牡蛎肉125克，青椒、红椒各25克，葱段、蒜瓣、湿淀粉各10克，鲜橙皮20克，鸡蛋1个，料酒15克，姜汁2克，精盐、鸡精各3克，胡椒粉0.5克，醋2.5克，汤75克，植物油25克，熟鸡油10克。

【制法】　①鱼肉制成蓉。青椒、红椒、橙皮均切成1厘米见方的小丁。牡蛎肉下入加有醋的沸水锅中氽透捞出。蒜瓣拍松。　②鱼蓉内加入料酒5克、姜汁、精盐和鸡精各1克、鸡蛋液搅匀上劲成稠糊状，制成均匀的丸子，下入清水锅中，用小火烧开，煮至熟透捞出。　③锅内放入植物油烧热，下入葱段、蒜瓣炝香，拣出葱段、蒜瓣不用，下入橙皮丁略炒，下入青椒丁、红椒丁炒匀，加汤、余下的料酒、精盐、鸡精、胡椒粉炒开，用湿淀粉勾芡，下入牡蛎肉、鱼丸、熟鸡油翻匀，出锅装盘即成。

【特点】　色泽鲜亮，鲜美滑嫩，诱人食欲。

【提示】　牡蛎肉要用大火氽至断生立即捞出，以保持其鲜嫩的口感。

【功效】　鲈鱼肉嫩，味美，营养丰富，主要含蛋白质、脂肪、糖类、钙、磷、铁、维生素（B_1、B_2）等，可益脾胃，补肝肾，健筋骨；所含脂肪对儿童的大脑发育十分重要。牡蛎富含优质蛋白质、牛磺酸、糖原、多种无机盐、维生素等，锌的含量居众食物之首，而锌对儿童的智力发育十分重要。儿童常吃此菜，可促进记忆，开发智力，增加身高和体重。

茄汁沙丁

【原料】　沙丁鱼2条（重约700克），胡萝卜（去皮）50克，蒜末10克，番茄汁25克，料酒、醋各15克，白糖30克，精盐2克，姜汁1克，湿淀粉75克，花生油800克。

【制法】　①沙丁鱼去鳞、鳃、内脏，洗净，剔下鱼肉切成片。胡萝卜切成菱形片。番茄汁放入容器内，加入醋、白糖、精盐1克调匀。　②鱼片放入容器内，加入料酒、姜汁、余下的精盐拌匀腌渍入味，再加入湿淀粉抓匀，下入烧至五成热的油中炸成金黄色，至熟透捞出，沥去油。　③锅内留油20克烧热，下入蒜末炝香，下入胡萝卜片略炒，下入炸熟的鱼片翻匀，烹入番茄汁炒开，出锅装盘即成。

【特点】　色泽金红，外焦里嫩，甜酸鲜美。

【提示】　鱼肉要顺着肉纹的走向切成薄厚均匀的片。

【功效】　沙丁鱼富含蛋白质、不饱和脂肪酸、钙、磷、铁、维生素（A、D）、核酸等，其中铁的含量居众鱼之首，是一种理想的健康食品，经常食用可增强记忆力。胡萝卜含有丰富的胡萝卜素，在人体内可转化为维生素A，对保护视力，预防眼疾，促进儿童的生长发育，增强机体免疫力，均有重要作用。二物配以糖、醋同烹成菜，既可提高机体对钙、磷的吸收和利用，又可增进儿童食欲，对儿童的骨骼和智力发育均有促进作用。

干煎沙丁鱼片

【原料】 沙丁鱼2条（重约750克），青椒、红椒、水发香菇各25克，鸡蛋2个，葱段、姜片、蒜末各8克，料酒20克，酱油12克，醋5克，精盐、鸡精各3克，胡椒粉0.5克，湿淀粉10克，面粉30克，清汤100克，花生油150克，熟鸡油15克。

【制法】 ①沙丁鱼去鳞、鳃、内脏，洗净，切去头、尾，从中间片开，剔去骨、刺、皮，再将鱼肉斜切成3厘米宽的片，放入容器内，加入醋、料酒10克、精盐2克、胡椒粉、葱段、姜片拌匀，腌渍20分钟入味。香菇去蒂，洗净，切成小丁。青椒、红椒均去蒂、去子，洗净，切成丁。鸡蛋磕入碗内，用筷子搅打均匀。 ②锅烧热，加入花生油，将鱼片逐一蘸匀面粉，拖匀鸡蛋液，摆入锅中煎至两面均呈金黄色、熟透时，取出，沥去油，装入盘中。 ③锅内留油15克，下入蒜末炝香，下入香菇丁煸炒至透，加酱油、余下的料酒、清汤烧开，下入青椒丁、红椒丁，加入余下的精盐烧开，加鸡精，用湿淀粉勾芡，淋入熟鸡油，出锅浇在盘内鱼片上即成。

【特点】 色泽红亮，香酥咸鲜。

【提示】 煎鱼片时要用小火，一面煎好后再翻个儿煎另一面。

【功效】 沙丁鱼营养价值很高，可为儿童提供大量的优质蛋白质、不饱和脂肪酸、铁、锌、磷、锌、维生素（A、D）、核酸等，儿童常食有助于骨骼和大脑发育，并可防止因贫血出现智力迟钝。青椒、红椒富含钙、胡萝卜素、维生素C等，可温中补脾，健胃消食；所富含的维生素C可帮助人体对铁的吸收和利用，也是提高大脑功能不可缺少的营养素，并可提高机体免疫力。儿童常食此菜可促进骨骼和大脑发育，增强体质。

Ertong Yingyang Baojian Cai

浇汁沙丁鱼丸

【原料】 净沙丁鱼肉250克，面包糠100克，嫩豌豆20克，番茄酱50克，精盐1克，料酒、醋各15克，白糖、湿淀粉各30克，鸡蛋1个，清汤50克，花生油1000克。

【制法】 ①豌豆洗净，沥去水分。沙丁鱼肉洗净，沥去水分，剁成蓉，放入容器内，加入料酒、精盐、醋2克、鸡蛋液、湿淀粉20克，用筷子顺一个方向充分搅匀上劲至黏稠。 ②面包糠平铺在盘内，将调好的鱼肉蓉挤成直径2厘米的丸子，放在面包糠中滚匀成鱼丸生坯。全部制好后，下入烧至五成热的花生油中，炸成金黄色、熟透捞出，沥去油，装入盘中。 ③锅内留油20克，下入豌豆炒熟，加入番茄酱炒至油变红色，加入白糖、余下的醋、清汤炒开，用余下的湿淀粉勾芡，使汤汁呈稀稠适中的糊，出锅浇在盘内炸好的鱼丸上即成。

【特点】 色泽鲜红，外酥里嫩，甜酸鲜美。

【提示】 鱼丸生坯入油锅后，要用手勺不停地推搅，使其受热均匀。要小火炸制。

【功效】 沙丁鱼富含优质蛋白质、不饱和脂肪酸、钙、磷、铁、维生素（A、D）等，儿童常食有助于骨骼和大脑发育，并可防止因贫血而出现智力迟钝。番茄酱富含维生素C，可促进人体对铁的吸收和利用，并提高机体免疫力，是提高大脑功能不可缺少的营养素。豌豆富含蛋白质、钙、磷及多种维生素等，所富含的维生素B_1，可预防神经衰弱，防止记忆力减退、思维迟钝。诸物同烹，是儿童一款美味保健菜肴。

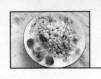

焖 河 鳗

【原料】 河鳗1条（重约800克），水发木耳、胡萝卜各25克，蒜片、酱油各10克，料酒15克，醋、精盐、鸡精各3克，白糖5克，胡椒粉0.5克，鸡汤500克，花生油800克。

【制法】 ①河鳗去内脏、头、尾，洗净，沥去水分，在脊背横剞一字刀，再切成4厘米长的段。木耳去根，洗净，撕成小片。胡萝卜洗净，先从中间顺长对剖成两半，再横切成半圆形的片。 ②锅内放油烧至七成热，下入河鳗段，用大火炸至外表脆硬捞出，沥去油。锅内留油20克，下入蒜片炝香，加鸡汤、料酒、酱油、醋烧开。 ③下入河鳗段，加入精盐、白糖烧开，盖上锅盖，用小火焖至八成熟，下入木耳片、胡萝卜片，继续用小火焖至熟，收浓汤汁，加鸡精、胡椒粉，焖至汤汁将尽，出锅装盘即成。

【特点】 色泽红润，细嫩咸鲜。

【提示】 河鳗剞刀刀距为0.5厘米，入刀深至鱼骨，但不要将鱼骨切断。

【功效】 河鳗营养价值高，富含优质蛋白质、不饱和脂肪酸、钙、磷、铁、维生素（A、B$_1$、B$_2$、B$_5$、E）等，儿童常食可补充身体生长发育所需的多种营养素，促进骨骼和大脑发育。木耳富含钙、铁、胡萝卜素、脑磷脂、卵磷脂等，常食对儿童大脑发育有益。胡萝卜富含胡萝卜素，在人体内可转变成维生素A，有促进大脑及全身生长发育的作用。三物同烹成菜是儿童一款美味营养保健菜肴。

禽 肉 类

黑玉米烧土鸡

【原料】　净土鸡350克，黑玉米3穗（重约300克），胡萝卜、土豆各50克，葱段、姜片各8克，料酒、酱油各15克，精盐3克，白糖2克，湿淀粉10克，植物油30克。

【制法】　①土鸡拔净绒毛，洗净，剁成2.5厘米见方的块。黑玉米洗净，沥去水分，横剁成1厘米厚的片。胡萝卜、土豆均洗净，削去皮，切成滚刀块。　②锅内放入清水烧开，下入鸡块用大火烧开，氽去血污捞出，沥去水分。另将锅内放油烧热，下入葱段、姜片炝香，下入鸡块煸炒至锅内水干，烹入料酒、酱油炒匀，加入清水烧开，盖上锅盖，用小火烧至八成熟。　③下入玉米穗片、胡萝卜块、土豆块，加入精盐、白糖炒开，烧至熟烂，收浓汤汁，加入湿淀粉勾芡，出锅装盘即成。

【特点】　鸡肉熟烂，玉米香浓，汁浓味醇。

【提示】　加入锅中的清水以没过鸡块2厘米为宜。

【功效】　土鸡肉营养丰富，可为儿童提供大量优质蛋白质、不饱和脂肪酸、钙、磷、铁、锌、维生素（B族、A、E、D）等，儿童常食对大脑和骨骼发育有益。黑玉米富含谷氨酸、维生素（B_1、B_2、B_6、E）、胡萝卜素、磷、镁、钙、铁、硒等，儿童常食有健脑作用。胡萝卜富含胡萝卜素、维生素（E、C、B_9）、钙、铁、糖类、蛋白质等，儿童常食可保护视力，促进生长发育，提高机体免疫力。诸物同烹成菜，是儿童一款美味营养保健菜。

木耳炖仔鸡

【原料】 净仔鸡1只，水发木耳150克，药料包（内装陈皮8克，八角、桂皮各5克，花椒2克）1个，葱段、姜片各15克，料酒10克，精盐3克，白糖2克。

【制法】 ①木耳切小片。仔鸡治净，剁成块，下入沸水锅中汆去血污捞出。 ②锅内放入清水750克，下入药料包、葱段、姜片烧开，下入鸡肉块，加入料酒烧开，炖40分钟，舀出1/3汤汁备用。 ③下入木耳片，加入精盐烧开，炖至微熟，加入备用汤汁，炖至熟烂，拣出药料包、葱段、姜片不用，加白糖，出锅装碗即成。

【特点】 鸡肉软烂，木耳滑糯，汤鲜味醇。

【提示】 鸡肉块要用大火汆制，小火慢炖。

【功效】 鸡肉营养十分丰富，含有人体必需的8种氨基酸，所含丰富的蛋白质是脑细胞的主要成分之一，对人的记忆、思考、语言、运动、神经传导等方面都有重要作用。鸡肉富含的铁是人体红细胞的组成部分，充足的铁可保证给大脑及时输送氧气，防止因贫血出现智力迟钝。木耳富含蛋白质、铁、钙等，所含丰富的卵磷脂、脑磷脂对智力开发十分有益。儿童常食此菜可补充大脑营养，促进大脑发育和智力开发。

香炸仔鸡

【原料】 净仔鸡1只，葱段、姜片各20克，料酒25克，精盐5克，白糖8克，五香粉1克，湿淀粉75克，面粉50克，鸡蛋1个，花生油1500克。

【制法】 ①仔鸡拔净绒毛，洗净，沥去水分，放入容器内，加入葱段、姜片、料酒、精盐、白糖、五香粉，用手充分揉搓鸡身，腌渍20分钟入味，拣出葱段、姜片不用，将鸡的腿骨敲断，别入鸡腹内，左鸡翅从鸡嘴穿入，从颈部刀口穿出，将至翅根，左鸡翅在鸡的脊背上，再用刀在鸡胸中间顺划一刀，在左、右鸡胸各斜划三刀。　②鸡蛋磕入碗内，加入湿淀粉、面粉20克、适量清水调匀成稠蛋粉糊。　③锅内放油烧至五成热，将仔鸡沾匀面粉，挂匀蛋粉糊，下入油锅中炸成金黄色、熟透捞出，沥去油，装盘即成。

【特点】　色泽金黄，外酥里嫩，咸香鲜美。

【提示】　仔鸡入锅后要用筷子不停地翻动，使其受热均匀。

【功效】　鸡肉营养十分丰富，可为儿童提供大量优质蛋白质、不饱和脂肪酸、钙、磷、铁、锌、维生素（B族、A、E、D）等，可温中补脾，益气养血，补肾益精，强筋壮骨，儿童常食鸡肉可促进骨骼和大脑发育，增强体质。

双椒熘鸡片

【原料】　净鸡肉200克，青椒、红椒各50克，蒜末8克，蚝油、料酒各15克，酱油5克，精盐2.5克，白糖2克，湿淀粉100克，清汤75克，香油10克，花生油800克。

【制法】　①鸡肉洗净，沥去水分，抹刀切成0.3厘米厚的片。青椒、红椒均去蒂、去子，洗净，切成小菱形片。　②鸡片放入容器内，加入料酒5克、精盐1克拌匀腌渍入味，再逐片挂匀湿淀粉，下入烧至五成热的油中，炸成金黄色、熟透捞出，沥去油。　③锅内留油20克，下入蒜末炝香，下入青椒片、红椒片，加入清汤、蚝油、酱油、白糖、余下的料酒和精盐炒开，用余下的湿淀粉勾芡，下入鸡片翻匀，淋入香油，出锅装盘即成。

【特点】　色泽油亮，外脆里嫩，咸香鲜美。

【提示】 炸鸡片时火不要过大，芡汁炒制要稠稀适度。

【功效】 鸡肉营养十分丰富，可为儿童提供生长发育所需的优质蛋白质、不饱和脂肪酸、钙、磷、铁、锌、维生素（B族、A、E、D）等，常食对儿童大脑和身体发育均有促进作用。青椒、红椒均富含钙、维生素C、胡萝卜素等。诸物同烹成菜，儿童常食有助大脑和身体发育，并有利个头长高。

三珍炒鸡片

【原料】 净鸡肉、水发木耳、平菇各100克，水发黄花菜50克，蒜末10克，料酒15克，精盐3克，白糖2克，湿淀粉13克，汤20克，植物油350克，熟鸡油8克。

【制法】 ①鸡肉洗净，沥去水分，抹刀切成片，放入容器内，用料酒5克、精盐0.5克拌匀腌渍入味，再加入湿淀粉3克拌匀上浆。平菇去老根，洗净，下入沸水锅中焯透捞出，沥去水分，切成小块。木耳去根，洗净，撕成小片。黄花菜掐去老根，洗净，挤去水。 ②锅内放入植物油烧至四成热，下入鸡片滑散至熟，出锅倒入漏勺，沥去油。锅内放油20克烧热，下入蒜末炝香，下入黄花菜、木耳片炒匀，加汤、余下的料酒炒匀。 ③下入平菇块炒熟，下入鸡片，加入白糖、余下的精盐炒匀，用余下的湿淀粉勾芡，淋入熟鸡油，出锅装盘即成。

【特点】 色泽素雅，滑嫩爽脆，咸香鲜美。

【提示】 鸡肉片一定要切得薄厚均匀。

【功效】 鸡肉富含优质蛋白质、不饱和脂肪酸、钙、磷、铁、锌、维生素（B族、A、E、D）等，儿童常食有助于大脑和身体发育。木耳富含蛋白质、钙、铁、胡萝卜素、维生素（B$_1$、B$_2$）等，是补钙、补铁佳品，所含卵磷脂和脑磷脂对儿童智力开发有益。黄花菜富含胡萝卜素、维生素（B$_1$、B$_2$）、钙、铁等，

常食可健脑益智。儿童常食此菜可促进大脑和身体发育，并有助个头长高。

豌豆鸡丁

【原料】 净鸡肉200克，豌豆、胡萝卜各75克，水发香菇30克，蒜末8克，酱油10克，精盐3克，白糖2克，料酒、湿淀粉各15克，汤20克，植物油350克。

【制法】 ①鸡肉洗净，沥去水分，胡萝卜洗净，去皮，香菇去蒂，洗净，分别切成丁。豌豆洗净。鸡丁用料酒5克、精盐0.5克拌匀腌渍入味，再用湿淀粉5克拌匀上浆。 ②锅内放油烧至四成热，下入鸡丁滑散，下入豌豆、胡萝卜丁、香菇丁滑散至熟，出锅倒入漏勺，沥去油。 ③锅内放油10克，下入蒜末炝香，下入鸡丁、豌豆、胡萝卜丁、香菇丁炒匀，烹入用汤、白糖、酱油和余下的料酒、精盐、湿淀粉对成的芡汁翻匀，出锅装盘即成。

【特点】 色泽美观，细嫩柔滑，咸香鲜美。

【提示】 鸡丁入油锅后要用筷子迅速拨散，以免粘连。

【功效】 豌豆富含蛋白质、钙、锌、维生素 B_1 等，维生素 B_1 可预防神经衰弱、记忆力减退、思维迟钝，钙、锌是儿童生长发育所不可缺少的营养素。胡萝卜富含胡萝卜素、维生素（C、E）、钙、铁、糖类、蛋白质等，胡萝卜素在人体内可转化为维生素A，有促进大脑及全身生长发育的作用。诸物与营养丰富，具有温中补脾、益气养血、强壮筋骨、健脑益智作用的鸡肉同烹成菜，对儿童大脑、骨骼、牙齿发育十分有益，并可提高机体免疫力。

儿童营养保健菜

Ertong Yingyang Baojian Cai

香菇鸡丝

【原料】 净鸡肉、水发香菇各 150 克，青椒、红椒各 25 克，姜丝、蒜丝、葱丝各 5 克，料酒、汤各 15 克，精盐、干淀粉各 3 克，白糖 2 克，湿淀粉 10 克，鸡蛋清半个，花生油 500 克。

【制法】 ①鸡肉洗净，沥去水分，香菇去蒂，洗净，挤去水分，青椒和红椒均去蒂、去子，洗净，分别切成丝。鸡丝用料酒 5 克、精盐 0.5 克拌匀腌渍入味，再加入鸡蛋清、干淀粉拌匀上浆。 ②锅内放油烧至四成热，下入鸡丝滑散，下入香菇丝滑散至熟，出锅倒入漏勺，沥去油。 ③锅内放油 20 克烧热，下入葱丝、姜丝、蒜丝炝香，下入青椒丝、红椒丝炒开，下入鸡丝、香菇丝炒匀，烹入用余下的调料（不含花生油）对成的芡汁翻匀，出锅装盘即成。

【特点】 色泽美观，口感嫩滑，咸香鲜美。

【提示】 滑鸡丝、香菇丝时火不要过大。

【功效】 鸡肉富含优质蛋白质、不饱和脂肪酸、钙、磷、铁、锌、维生素（A、E、D）等，儿童常食可促进大脑和身体发育。香菇营养十分丰富，所含香菇多糖对儿童有增高、增重，提高免疫力，增加红细胞，提高智力等多种作用。二物与富含维生素 C、胡萝卜素的青椒、红椒同烹成菜，儿童经常食用可促进骨骼和大脑发育，使个头长高，并可防止骨质疏松，防止因贫血而出现智力迟钝。

兰花口蘑鸡丸

【原料】 净鸡肉 175 克，西兰花 125 克，口蘑 75 克，海米 15 克，蒜片 8 克，料酒 20 克，酱油、葱姜汁、熟鸡油各 10

克，精盐3克，白糖2克，湿淀粉18克，鸡蛋清1个，面粉25克，汤200克，花生油500克。

【制法】 ①鸡肉洗净，沥去水分，剁成细蓉，放入容器内，加入料酒10克、葱姜汁、酱油、白糖、精盐1克、鸡蛋清、湿淀粉8克、汤25克，用筷子搅匀，再加入剁成细末的海米搅匀至呈稠糊状。口蘑洗净，从中间对剖成两半。西兰花洗净，切成小块。 ②锅内放油烧至五成热，将调好的鸡肉蓉挤成直径2.5厘米的丸子，蘸匀面粉，下入油锅中炸成金红色、熟透、浮起捞出，沥去油。 ③锅内留油15克，下入蒜片炝香，下入口蘑略炒，加入余下的汤、料酒炒开，烧至八成熟，下入西兰花块烧至熟透，收浓汤汁，下入炸熟的鸡丸，加入余下的精盐炒匀，用余下的湿淀粉勾芡，淋入熟鸡油，出锅装盘即成。

【特点】 色彩分明，酥香爽嫩，味道鲜美。

【提示】 鸡肉丸入油锅后，要用手勺不停地推搅，以免粘连和受热不均。

【功效】 西兰花富含蛋白质、脂肪、钙、磷、铁、维生素（A、B族、C）等，尤以维生素C的含量丰富，维生素C不仅可促进人体对铁的吸收和利用，还可提高机体免疫力，也是提高大脑功能所不可缺少的营养素，儿童常食对大脑、骨骼、牙齿发育均有好处。口蘑富含优质蛋白质、钙、磷、锌、硒及多种维生素，儿童常食可健脑益智，增强记忆，提高机体免疫力，增高增重。二物与营养丰富，可温中补脾、益气养血、强筋壮骨、健脑益智的鸡肉同烹，是儿童一款美味营养保健菜肴。

翡翠松茸鸡肉塔

【原料】 净鸡肉200克，松茸10枚，油菜心100克，葱末、姜末各5克，蚝油15克，料酒8克，精盐3克，白糖2克，

湿淀粉 10 克，鸡汤 300 克，花生油 20 克，香油 25 克。

【制法】　①松茸洗净，放入容器内，加入清水浸泡至回软捞出，沥去水分，下入鸡汤锅中，加入精盐 2 克烧开，煮熟捞出，沥去水分。鸡肉洗净，先用刀片成大片，再用刀背砸成细蓉。油菜心修剪整齐，洗净，从中间顺长对剖成两半。②鸡蓉放入容器内，加入葱末、姜末、料酒、白糖、余下的精盐、煮松茸的原汁 50 克、香油 15 克，用筷子顺一个方向充分搅匀上劲至黏稠，再分成 10 等份，制成圆球状，摆在抹有一层植物油的蒸盘内，再把松茸逐一插在肉球上，入蒸锅内蒸至熟透取出，摆入另一盘中。　③锅内放入花生油烧热，下入油菜心、蚝油煸炒至熟，出锅围摆在盘内松茸鸡肉塔周围。锅内放入煮松茸的原汁 100 克烧开，用湿淀粉勾芡，淋入余下的香油炒匀，出锅浇在盘内松茸鸡肉塔上即成。

【特点】　色泽鲜亮，柔滑软嫩，咸鲜香醇。

【提示】　蒸松茸鸡肉塔时要用大火。

【功效】　鸡肉是一种高蛋白、低脂肪食物，富含不饱和脂肪酸和钙、磷、铁、锌、维生素（B 族、A、E、D）等，儿童常食有助于大脑和身体发育。松茸富含优质蛋白质、膳食纤维、糖类、维生素（B_1、B_2、C、E）、钾、钠、磷、钙、铁、锰、锌、铜、硒等，常食有助大脑和骨骼发育，增强机体免疫力。二物配以富含钙、铁、维生素 C、胡萝卜素等营养素的油菜同烹成菜，儿童常食可促进大脑和骨骼发育，使身体长高。

脆皮鸡排

【原料】　净鸡脯肉 300 克，鸡蛋 2 个，面包糠 100 克，葱段、姜片各 15 克，料酒 10 克，精盐、白糖各 2 克，五香粉 0.5 克，面粉 30 克，花生油 800 克。

【制法】 ①鸡肉切成大片，在肉片的两面均轻剞一字刀。鸡蛋磕入容器内搅散成鸡蛋液。肉片用葱段、姜片、料酒、精盐、白糖、五香粉拌匀腌渍入味，拣出葱段、姜片不用。 ②鸡片蘸匀面粉，拖匀鸡蛋液，蘸匀面包糠，下入烧至五成热的油中炸至呈金黄色、熟透捞出，沥去油。 ③炸好的鸡片切成条，码摆在盘内即成。

【特点】 色泽金黄，外酥里嫩，味美鲜香。

【提示】 炸肉片时火不能过大，以免外煳内生。

【功效】 鸡肉含有丰富的蛋白质、人体必需的 8 种氨基酸、不饱和脂肪酸、磷、铁、铜、钙、锌、维生素（B_{12}、B_6、A、PP、B_1、B_2、D）等。鸡蛋含有丰富的蛋白质、人体必需的 8 种氨基酸、铁、钙、磷、锌、维生素（A、E、D、B 族）、卵磷脂等。此菜可为儿童补充丰富的优质蛋白质、钙、磷、铁、锌、维生素（A、D）等，多种营养素在此组合，有利于儿童身高体壮。

梅花白蘑鸡肉饼

【原料】 枸杞子 20 克，净鸡肉 200 克，水发白蘑 50 克，油菜心 75 克，鸡蛋 1 个，蒜末、料酒、湿淀粉各 10 克，精盐 3 克，白糖 2 克，汤 200 克，植物油 30 克。

【制法】 ①油菜心从中间顺长剖开。鸡肉制成蓉。白蘑剁成末，放入容器内，加入鸡肉蓉、鸡蛋液、蒜末、料酒、白糖、精盐 2 克、汤 50 克、植物油 10 克搅匀成馅。 ②白蘑鸡肉馅逐一酿入梅花形模具内，再点缀上枸杞子，放入蒸帘上。 ③入蒸锅蒸至熟透取出，去掉模具，肉饼摆入盘内。锅内放余下的油浇热，下入油菜心、余下的精盐煸炒至熟，出锅围摆在肉饼周围。锅内放余下的汤浇开，用湿淀粉勾芡，出锅浇在盘内肉饼上即成。

【特点】 色形美观，鲜香滑嫩。

【提示】 模具内要先薄薄抹上一层油，再放入馅料，以免蒸熟取出肉饼时粘连、破损。

【功效】 枸杞子含有丰富的钙、磷、铁、10余种氨基酸和多种维生素，具有促生长，强筋骨的功能。鸡肉富含蛋白质、人体必需的8种氨基酸、不饱和脂肪酸、磷、铁、铜、钙、锌、维生素（B族、A）等，可健脾胃，活血脉，强筋骨，健脑益智。白蘑营养丰富，含有大量优质蛋白质、维生素（A、B族、E、C、D）、钙、磷、铁、锌等，赖氨酸含量丰富。此菜可为儿童补充大量优质蛋白质、多种无机盐和维生素等，经常食用可增高增重，增加红细胞，提高智力，提高免疫力。

凉拌鸡丝

【原料】 熟鸡脯肉150克，芹菜、胡萝卜、黄豆芽、水发木耳各50克，蒜末10克，精盐4克，白糖2克，香油15克。

【制法】 ①熟鸡脯肉撕成均匀的细丝。芹菜择去根、叶，洗净，先顺长剖成条，再切成3.5厘米长的段。黄豆芽掐去根须，洗净，沥去水分。胡萝卜洗净，去皮，木耳去根，洗净，均切成丝。 ②锅内放入清水400克烧开，加入精盐2克，下入木耳丝、黄豆芽、胡萝卜丝、芹菜段烧开，焯透捞出，放入冷水中投凉捞出，沥去水分。 ③鸡丝放入容器内，加入芹菜段、黄豆芽、胡萝卜丝、木耳丝、蒜末拌匀，撒入白糖、余下的精盐拌匀，淋入香油拌匀，装盘即成。

【特点】 色彩斑斓，清爽嫩脆，咸香清鲜。

【提示】 原料丝要用大火焯至断生即可。

【功效】 鸡肉富含优质蛋白质、不饱和脂肪酸、钙、磷、铁、锌、维生素（B族、A、E、D）等，可温中补脾，益气养血，强筋健骨，健脑益智。芹菜、胡萝卜、黄豆芽均富含钙、铁、维生素C、胡萝卜素、维生素E等，可补钙壮骨，健脑益智。木耳富含钙、铁、脑磷脂、卵磷脂，对儿童智力开发有益。儿童常食此菜对大脑及骨骼、牙齿发育均有促进作用，并可增强记忆。

鸡肉核桃羹

【原料】　净鸡肉100克，核桃仁50克，草菇25克，葱末、姜末各5克，料酒、酱油各10克，精盐、白糖各3克，湿淀粉30克，植物油200克。

【制法】　①鸡肉、草菇均洗净，分别剁成末。核桃仁拣去杂质，洗净，用温水浸泡一会儿，剥去外衣。　②锅内放油烧至四成热，下入核桃仁炸酥捞出，沥去油，切成粒状。锅内留油20克，下入葱末、姜末炝香，下入鸡肉末炒散，下入草菇末炒匀。　③烹入料酒、酱油炒匀，加清水700克烧开，煮熟，加入精盐、白糖，用湿淀粉勾芡，下入核桃仁粒搅匀，出锅装碗即成。

【特点】　香酥柔滑，咸鲜醇美。

【提示】　湿淀粉要先用清水30克调匀成稀糊状，再徐徐淋入锅中。

【功效】　鸡肉营养十分丰富，可为儿童提供大量优质蛋白质、不饱和脂肪酸、钙、磷、铁、锌、维生素（B族、A、E、D）等，常食有助骨骼和大脑发育。核桃仁富含蛋白质、不饱和脂肪酸、钙、磷、铁、锌、维生素E等，是健脑强身佳品，可迅速改善儿童智力。二物与富含赖氨酸、维生素C的草菇同烹成菜，儿童常食可促进记忆，开发智力，增强体质，增高增重。

翡翠鸡肉羹

【原料】 净鸡肉、油菜各 75 克，嫩玉米 30 克，蒜末 10 克，料酒 8 克，精盐 3 克，白糖 2 克，湿淀粉 30 克，清汤 700 克，植物油 20 克，香油 5 克。

【制法】 ①鸡肉洗净，沥去水分，剁成末。油菜择洗干净，沥去水分，嫩玉米洗净，分别切碎。 ②锅内放入植物油烧热，下入蒜末炝香，下入鸡肉末炒至变色，烹入料酒炒匀，加清汤，下入碎玉米烧开，煮熟。 ③下入油菜，加入精盐、白糖烧开，煮至熟烂，用湿淀粉勾芡，淋入香油搅匀，出锅装碗即成。

【特点】 软烂稠滑，咸香鲜美。

【提示】 勾芡不要过稠。

【功效】 鸡肉富含优质蛋白质、不饱和脂肪酸、钙、磷、铁、锌、维生素（B 族、A、E、D）等，可温中补脾，益气养血，强健筋骨，健脑益智。油菜富含钙、铁、维生素 C、胡萝卜素等，儿童常食可补钙壮骨，健脑益智。嫩玉米富含维生素 E、谷氨酸、维生素（B_1、B_2、B_6）、胡萝卜素、钙、磷、铁、镁、硒等，常食有健脑作用。三物同烹成羹，儿童常食可促进大脑发育，增强记忆，促进身体发育，有利个头长高。

胡萝卜炒鸡肝

【原料】 鸡肝 200 克，胡萝卜 100 克，油菜、水发木耳各 25 克，蒜末 10 克，料酒 15 克，精盐 3 克，白糖 2 克，胡椒粉 0.5 克，湿淀粉 18 克，汤 20 克，植物油 500 克，香油 8 克。

【制法】 ①鸡肝去杂，洗净，沥去水分，抹刀切成片，放入容器内，加入料酒 5 克、精盐 0.5 克、胡椒粉拌匀腌渍入味，再加入湿淀粉8克拌匀上浆。胡萝卜洗净，去皮，切成片。油菜择洗干净，切成2厘米长的段。木耳去根，洗净，撕成小片。　②汤放入碗内，加入白糖和余下的料酒、精盐、湿淀粉调匀成芡汁。锅内放入植物油烧至四成热，下入鸡肝片滑散至熟，出锅倒入漏勺，沥去油。　③锅内放入植物油20克烧热，下入蒜末炝香，下入胡萝卜片、木耳片煸炒至透，下入油菜段炒匀至熟，下入鸡肝片炒开，烹入芡汁翻匀，淋入香油，出锅装盘即成。

【特点】　色彩鲜亮，滑嫩鲜香，诱人食欲。

【提示】　鸡肝质地细嫩，入味上浆时动作要轻，以免破碎。

【功效】　鸡肝富含优质蛋白质、铁、磷、锌、钙、维生素（A、B_1、B_2）等，可补肝明目。胡萝卜富含胡萝卜素，在人体内可转化为维生素A，有保护视力，促进生长发育，提高免疫力等作用。油菜富含钙、铁、胡萝卜素、维生素C等。木耳富含钙、铁、胡萝卜素等，所含卵磷脂和脑磷脂可促进儿童大脑发育。儿童常食此菜有补铁，保护视力，促进大脑和身体发育等作用。

口蘑鸡肝汤

【原料】　鸡肝100克，口蘑50克，胡萝卜、菠菜各20克，葱段、姜片各5克，料酒10克，醋1克，精盐、鸡精各3克，干淀粉2克，胡椒粉0.5克，鸡蛋清1/3个，清汤600克，花生油200克。

【制法】　①鸡肝洗净，沥去水分，切成片，用料酒5克、醋、精盐0.5克拌匀腌渍入味，再加入鸡蛋清、干淀粉拌匀上浆。胡萝卜洗净，去皮，切成菱形片。口蘑洗净，切成片。菠菜择洗干净，切成2厘米长的段。　②锅内放油烧热，下入鸡肝片滑散至熟，出锅倒入漏勺，沥去油。锅内放油20克烧热，下入葱

段、姜片炝香，下入口蘑片、胡萝卜片煸炒至透，拣出葱段、姜片不用，加清汤、余下的料酒烧开。 ③下入菠菜段，加入余下的精盐烧开，下入鸡肝片，加入鸡精、胡椒粉，出锅装碗即成。

【特点】 色泽美观，鸡肝鲜嫩，汤清味鲜。

【提示】 鸡肝要抹刀切成薄厚均匀的片。

【功效】 鸡肝富含优质蛋白质、铁、磷、锌、维生素（B_1、B_2、A、D）等，可补肝明目，儿童适当食用可补血，保护视力，防止因贫血而出现智力迟钝。口蘑富含优质蛋白质、糖类、钙、磷、锌、硒及多种维生素。儿童常食对大脑和身体发育有益。儿童常吃此菜有助大脑和身体发育，增高增重，提高免疫力。

双蔬爆胗花

【原料】 鸡胗250克，油菜、胡萝卜各50克，葱段、姜片各6克，料酒8克，醋2克，精盐、鸡精各3克，白糖1克，湿淀粉10克，汤15克，花生油500克，香油5克。

【制法】 ①鸡胗洗净，片去硬皮，在凸起的一面剞上十字花刀，再切成两块。油菜择洗干净，切成2厘米长的段。胡萝卜洗净，去皮，切成菱形片。 ②汤放入碗内，加入料酒、醋、精盐、鸡精、白糖、湿淀粉、香油调匀成芡汁。 ③锅内放入花生油烧至七成热，下入鸡胗块，用大火冲炸至熟透、卷起呈花状，出锅倒入漏勺。锅内放花生油15克，下入葱段、姜片炝香，下入胡萝卜片炒匀，下入油菜段炒匀至熟，下入鸡胗花炒匀，烹入芡汁翻匀，淋入香油，出锅装盘即成。

【特点】 色调明亮，鸡胗滑嫩，咸香鲜美。

【提示】 鸡胗剞刀刀距为0.25厘米，入刀深度为鸡胗厚度的3/4。

【功效】 鸡胗富含优质蛋白质、钙、磷、铁、维生素（B_1、

B₂）等，可健脾胃，助消化，对儿童消化不良有食疗作用。油菜富含钙、铁、胡萝卜、维生素C等，儿童常食可补钙壮骨，促进个头长高，并有益大脑发育。胡萝卜富含胡萝卜素、维生素（C、E）、钙、铁、糖类、蛋白质等，儿童常食可保护视力，提高免疫力，促进生长发育。三物同烹成菜，是儿童一款美味保健菜肴。

蒜蓉三花

【原料】　鸡脯200克，西兰花125克，菜花100克，蒜末15克，精盐4克，白糖2克，料酒12克，醋5克，香油10克，花生油500克。

【制法】　①鸡脯洗净，片去硬皮，在凸面剞上十字花刀，再切成两块。西兰花、菜花均洗净，切成小块。　②鸡脯块放入容器内，加入料酒、精盐1克拌匀腌渍入味，下入烧至七成热的油中，用大火炸至卷起、熟透捞出，沥去油，晾凉，放入容器内。　③另将锅内放入清水500克烧开，加入精盐2克，下入菜花块烧开，焯1分钟，下入西兰花块烧开，焯至熟透，捞出，沥去水分，晾凉后加入鸡脯花内，再加入蒜末、白糖，醋、余下的精盐、香油拌匀，装盘即成。

【特点】　色分三彩，嫩脆咸鲜，蒜味浓郁。

【提示】　鸡脯块炸至刚熟透立即捞出，以免失去鲜嫩的口感。

【功效】　鸡脯富含优质蛋白质、钙、磷、铁、维生素（B₁、B₂）等，可健脾胃，助消化，对儿童消化不良有一定疗效。西兰花、菜花均富含蛋白质、糖类、钙、磷、铁、胡萝卜素、维生素（A、B族、C）等，可补脑髓，利脏腑，益心力，强筋骨，儿童常食有利于大脑和身体发育，促进个头长高。三物配以大蒜同烹成菜，儿童常食有利健康成长。

胡萝卜爆鸭丁

【原料】 净鸭肉200克，胡萝卜150克，嫩豌豆25克，蒜末、姜末、葱末各5克，料酒、酱油各10克，精盐3克，白糖2克，湿淀粉18克，汤15克，花生油500克，香油8克。

【制法】 ①鸭肉洗净，沥去水分，胡萝卜洗净，削去皮，均切成1厘米见方的丁。豌豆洗净，沥去水分。鸭丁用料酒5克、精盐1克拌匀腌渍入味，再加入湿淀粉8克拌匀上浆。 ②汤放入碗内，加入酱油、白糖和余下的料酒、精盐、湿淀粉对成芡汁。锅内放入花生油烧至四成热，下入鸭丁滑散，下入胡萝卜丁、豌豆滑散至熟，出锅倒入漏勺，沥去油。 ③锅内放入油15克烧热，下入蒜末、姜末、葱末炝香，下入鸭丁、胡萝卜丁、豌豆炒匀，烹入芡汁翻匀，淋入香油，出锅装盘即成。

【特点】 色泽红亮，滑嫩咸香，诱人食欲。

【提示】 滑鸭丁等原料时要用小火。

【功效】 鸭肉营养比较全面，可为儿童提供大量的优质蛋白质、不饱和脂肪酸、铁、磷、锌、维生素（B族、A、E、D）等，常食有助于儿童大脑及身体发育。胡萝卜富含胡萝卜素、维生素（B_9、C、E）、糖类、蛋白质等，常食对大脑和身体发育有好处。二物同烹成菜，是儿童一款美味营养保健菜肴。

茄汁菠萝鸭丁

【原料】 净鸭肉200克，净菠萝肉100克，胡萝卜50克，蒜末8克，番茄酱40克，料酒15克，精盐1克，醋12克，白糖30克，湿淀粉18克，花生油500克，香油10克。

【制法】 ①鸭肉、菠萝肉洗净，胡萝卜洗净，去皮，均切成 1 厘米见方的丁。鸭肉丁用料酒 5 克、精盐 0.5 克拌匀腌渍入味，再加入湿淀粉 8 克拌匀上浆。　②锅内放入花生油烧至四成热，下入鸭肉丁炒匀，下入胡萝卜丁炒熟，倒入漏勺，沥去油。　③锅内放花生油 20 克烧热，下入蒜末炝香，下入番茄酱炒至油呈红色，加入余下的料酒和精盐、白糖、醋炒匀，用余下的湿淀粉勾芡，淋入香油炒匀，下入菠萝丁、鸭丁、胡萝卜丁炒匀，出锅装盘即成。

【特点】　色泽鲜红，滑嫩甜酸，果香四溢。

【提示】　滑鸭肉丁时火不要过大。

【功效】　鸭肉营养比较全面，可为儿童提供大量的优质蛋白质、不饱和脂肪酸、铁、磷、锌、维生素（B族、A、E、D）等，常食有助于儿童大脑及身体发育。菠萝富含糖类、钙、磷、铁、锰、维生素（A、C）等。胡萝卜富含胡萝卜素、维生素（C、E）、糖类、蛋白质等。三物同烹成菜，可为儿童提供生长发育所需的多种营养素，常食有益儿童健康。

兰花板栗烧鸭块

【原料】　净鸭子 350 克，西兰花 150 克，板栗仁 50 克，葱段、姜片各 8 克，料酒 15 克，酱油 12 克，精盐、白糖各 3 克，湿淀粉 10 克，胡萝卜、植物油各 30 克。

【制法】　①鸭子拔净绒毛，洗净，沥去水分，剁成 2.5 厘米见方的块。板栗仁洗净。西兰花洗净，切成小块。胡萝卜洗净，去皮，用挖球器挖成直径 2 厘米的小圆球。　②锅内放入清水烧开，下入鸭块用大火烧开，氽去血污捞出，沥去水分。另将锅内放油烧热，下入葱段、姜片炝香，下入鸭块煸炒至锅内水干，烹入料酒、酱油炒匀，加清水 500 克，烧至七成熟。　③下入板栗仁炒开，烧约八成熟，下入胡萝卜球炒开，烧至熟透，下入西兰

儿童营养保健菜

花块，加入精盐、白糖炒开，烧至熟烂，收浓汤汁，用湿淀粉勾芡，出锅装盘即成。

【特点】 色泽红亮，软烂柔嫩，咸香鲜美。

【提示】 鸭块、板栗仁、胡萝卜球均要盖上锅盖用小火焖烧，下入西兰花块后改用大火烧制。

【功效】 鸭肉营养比较全面，可为儿童提供生长发育所需的优质蛋白质、不饱和脂肪酸、铁、磷、锌、维生素（A、E、D）等，常食对大脑及身体发育有益。西兰花富含钙、磷、铁、维生素（A、B族、C）、蛋白质、糖类等，常食对大脑和骨骼发育有益。板栗富含蛋白质、不饱和脂肪酸、钙、磷、铁、锌及多种维生素，常食对大脑和身体发育有益。儿童常吃此菜，对大脑和身体发育均十分有益，并有利个头长高。

碧菠金针鸭肉片

【原料】 净鸭肉 150 克，金针菇、菠菜各 125 克，蒜末 8 克，料酒 15 克，精盐 3 克，白糖 2 克，湿淀粉 10 克，植物油 30 克。

【制法】 ①鸭肉洗净，沥去水分，切成片，用料酒 5 克、精盐 0.5 克拌匀腌渍入味，再用湿淀粉 3 克拌匀上浆。金针菇切去老根，洗净，沥去水分，切成两段。菠菜择洗干净，沥去水分，切成 3 厘米长的段。 ②锅内放油烧热，下入蒜末炝香，下入肉片炒熟，烹入余下的料酒炒匀。 ③下入金针菇段炒开，下入菠菜段，加入白糖、余下的精盐炒熟，用余下的湿淀粉勾芡，出锅装盘即成。

【特点】 色泽淡雅，清爽脆嫩，咸香鲜美。

【提示】 鸭肉片用小火炒制，下入金针菇后改用大火翻炒至熟。

【功效】 鸭肉营养比较全面，可为儿童提供大量的优质蛋白质、不饱和脂肪酸、铁、磷、锌、维生素（B族、A、E、D）等，常食有助于儿童大脑及身体发育。金针菇含锌丰富，锌对儿童的生长发育起着重要的作用。菠菜富含铁、胡萝卜素、维生素（C、E）等，可补肝明目。此菜可为儿童提供生长发育所需的多种营养素，常食对大脑及身体发育有益，并可防止贫血，预防因贫血而出现的智力迟钝。

口蘑蒸仔鸭

【原料】 净仔鸭350克，口蘑150克，莴笋（去叶、皮）、胡萝卜各50克，葱段、姜片各10克，料酒15克，酱油5克，精盐、白糖各3克，湿淀粉8克，花生油25克。

【制法】 ①仔鸭拔净绒毛，洗净，沥去水分，剁成2.5厘米见方的块。口蘑洗净，沥去水分，在光面剞上十字花刀。胡萝卜洗净，去皮，与洗净的莴笋均用挖球器挖成直径1.5厘米的小圆球。 ②鸭块放入容器内，加入葱段、姜片、料酒、酱油、精盐、白糖拌匀，再加入口蘑、胡萝卜球、莴笋球拌匀腌渍30分钟入味，拣出葱段、姜片不用，再加入湿淀粉、花生油拌匀。 ③鸭块码摆在盘中，口蘑剞刀的一面朝上围摆在鸭块周围，再将胡萝卜球、莴笋球均匀地撒在鸭块上，放入蒸锅内，用大火蒸至熟烂取出即成。

【特点】 色形美观，鸭肉滑嫩，咸香鲜美。

【提示】 鸭块一定要均匀地摆放在盘中，不可堆放。

【功效】 鸭肉营养比较全面，可为儿童提供大量的优质蛋白质、不饱和脂肪酸、铁、磷、锌、维生素（B族、A、E、D）等，常食有助于儿童大脑及身体发育，所含维生素D可帮助钙质吸收。胡萝卜、莴笋均富含钙、铁、胡萝卜素、维生素

（C、E）等，常食对儿童的骨骼、牙齿发育有益。儿童常食此菜有助于大脑和身体发育，对小儿换牙、长牙也有帮助，并有利个头长高。

美味蒸鸭丸

【原料】　净鸭肉250克，芹菜、胡萝卜各50克，水发木耳、干贝各25克，蒜末、料酒各10克，精盐3克，白糖2克，鸡蛋清1个，湿淀粉15克，汤150克，花生油25克，熟鸡油8克。

【制法】　①芹菜去根、叶，洗净，下入沸水锅中焯透捞出，沥去水分。胡萝卜去皮，洗净。木耳去根，洗净。芹菜、胡萝卜、木耳和鸭肉分别剁成末。干贝洗净放入碗内，加入汤25克、料酒，入蒸锅内蒸15分钟取出，备用。　②鸭肉末放入容器内，加入干贝及蒸干贝的原汁、蒜末、精盐、白糖、鸡蛋清、花生油、湿淀粉5克，用筷子顺一个方向充分搅匀上劲至黏稠，再加入芹菜末、胡萝卜末、木耳末拌匀，制成直径2.5厘米的丸子，摆入蒸盘内，入蒸锅蒸至熟透取出，摆入另一盘中。　③锅内放入余下的汤烧开，用余下的湿淀粉勾芡，淋入熟鸡油炒匀，出锅浇在盘内蒸熟的鸭肉丸上即成。

【特点】　色泽油亮，口感软嫩，咸香清鲜。

【提示】　蒸制时要用大火。芡汁炒制要稠稀适中。

【功效】　鸭肉营养比较全面，可为儿童提供大量优质蛋白质、不饱和脂肪酸、铁、磷、锌、维生素（B族、A、E、D）等，维生素D可帮助钙质吸收，常食有助于儿童大脑和身体发育。芹菜营养丰富，既是补钙、补铁的佳蔬，又可健脑醒神。干贝富含优质蛋白质、不饱和脂肪酸、钙、磷等，常食对儿童生长发育有益。儿童常食此菜有助于大脑及骨骼发育，并可预防骨质疏松和因贫血而出现的智力迟钝。

白蘑炒鸭脯

【原料】 烤鸭脯、白蘑各100克，荷兰豆50克，蒜末、姜末各5克，精盐2.5克，白糖2克，料酒、湿淀粉各10克，植物油30克。

【制法】 ①白蘑择去杂质，用冷水洗净，再用温水浸泡至回软捞出，挤去水分。荷兰豆切成段。烤鸭脯切成片。 ②锅内放油烧热，下入蒜末、姜末炝香，下入鸭脯片略炒，烹入料酒炒匀，下入白蘑炒匀，加入泡白蘑的原汁50克炒熟。 ③下入荷兰豆段，加入精盐、白糖炒匀至熟，用湿淀粉勾芡，出锅装盘即成。

【特点】 色泽油亮，口感嫩滑，口味鲜美。

【提示】 泡白蘑的原汁要静置沉淀，滤清后再用。

【功效】 白蘑含有丰富的优质蛋白质、维生素（A、B族、E、C）及多种无机盐，并含有丰富的赖氨酸，研究表明，赖氨酸能增高增重，提高免疫力，增加血红细胞，明显提高智力。鸭肉营养比较全面，含丰富的蛋白质、糖类、脂肪和无机盐、维生素等，并含有较丰富的不饱和脂肪酸。儿童常吃此菜，可为身体补充丰富的优质蛋白质、不饱和脂肪酸、钙、磷、锌、铁、维生素（A、B族、E、D）等，有利于大脑、身体生长发育和个子长高，并可强身壮体，提高机体免疫力。

核桃鸭肉羹

【原料】 净鸭肉100克，熟核桃仁50克，油菜叶、湿淀粉各30克，葱末10克，料酒、酱油各8克，精盐3克，白糖2克，花生油20克。

【制法】　①鸭肉洗净，沥去水分，剁成末。核桃仁切成粒状。油菜叶洗净，切碎。　②锅内放油烧热，下入葱末炝香，下入鸭肉末炒至变色、散开，烹入料酒、酱油炒匀，加清水700克烧开，煮熟。　③下入碎油菜叶，加入精盐、白糖烧开，用湿淀粉勾芡，下入核桃仁粒炒匀，出锅装碗即成。

【特点】　酥脆柔滑，咸香可口。

【提示】　炒鸭肉末时火不要过大，勾芡要稠稀适度。

【功效】　鸭肉营养比较全面，可为儿童提供大量的优质蛋白质、不饱和脂肪酸、铁、磷、锌、维生素（B族、A、E、D）等，常食有助于大脑及身体发育。核桃仁富含蛋白质、不饱和脂肪酸、钙、磷、铁、锌、维生素E、胡萝卜素、糖类等，所含的脂肪非常适合大脑的需要，能迅速改善儿童智力。二物同烹成菜，儿童常食对大脑和身体发育有利。

香菇土豆焖鹅块

【原料】　净大鹅500克，土豆200克，水发香菇100克，葱段、姜片各10克，料酒、酱油各15克，精盐3克，植物油800克。

【制法】　①土豆去皮，切成滚刀块。香菇切成块。大鹅治净，剁成块，下入沸水锅中余去血污捞出。另将锅内放油烧至七成热，下入土豆块炸成金黄色捞出。锅内留油25克，下入葱段、姜片炝香，下入鹅块略炒，烹入料酒、酱油炒匀，加清水700克烧开。　②待鹅肉块焖至五成熟时，拣出葱段、姜片不用，下入香菇块烧开，焖至微熟。　③下入土豆块，加入精盐烧开，焖至熟烂，收浓汤汁，出锅装碗即成。

【特点】　鹅肉软烂，土豆柔软，汤稠味香。

【提示】　鹅肉块要用大火余制，盖上锅盖小火焖制。土豆块要用大火炸制。

【功效】 鹅肉含丰富的蛋白质、脂肪、无机盐和丰富的维生素E、亚油酸等，所含十多种氨基酸，是儿童生长发育所必需的营养物质。土豆含较丰富的钙、钾、维生素（A、C）等。香菇富含优质蛋白质、维生素（A、B族、C、D、E）及多种无机盐等，尤以赖氨酸含量丰富。经常食用此菜可为机体补充丰富的优质蛋白质、亚油酸、糖类等构成脑细胞的重要成分，对儿童的大脑发育十分有益，并可使儿童身高体壮。

胡萝卜烧鹅块

【原料】 净鹅400克，胡萝卜200克，葱段、姜片各12克，料酒、老抽各8克，精盐3克，白糖2克，湿淀粉10克，植物油25克。

【制法】 ①鹅肉拔净绒毛，洗净，沥去水分，剁成3厘米见方的块。胡萝卜洗净，去皮，切成滚刀块。鹅肉块下入沸水锅中，用大火烧开，氽去血污捞出。 ②锅内放油烧热，下入葱段、姜片炝香，下入鹅肉块煸炒至锅内水干，烹入老抽、料酒，炒匀至肉块变红，加入清水500克，用大火烧开，改用小火烧至八成熟。 ③下入胡萝卜块，加入精盐、白糖炒开，烧至熟烂，收浓汤汁，用湿淀粉勾芡，出锅装盘即成。

【特点】 色泽红润，软烂咸香。

【提示】 烧制时要盖严锅盖焖烧，并勤晃动锅，以免煳底。

【功效】 鹅肉富含蛋白质、不饱和脂肪酸、亚油酸、钙、磷、铁、维生素（E、B_1、B_2）等，所含十多种氨基酸是儿童生长发育所必需的营养物质。胡萝卜富含胡萝卜素、维生素（E、C）、糖类、钙、铁、蛋白质等，胡萝卜素在人体内可转化为维生素A，有促进大脑及全身生长发育成长的作用。二物同烹成

菜，是儿童一款美味营养保健菜肴。

香菇毛豆烧鹅丁

【原料】 净鹅肉200克，香菇（鲜）100克，毛豆75克，蒜末10克，料酒、酱油各12克，精盐3克，白糖2克，湿淀粉15克，汤200克，植物油30克，熟鸡油8克。

【制法】 ①鹅肉洗净，沥去水分，切成丁。毛豆洗净。香菇去蒂，洗净，下入沸水锅中焯透，放入冷水中投凉捞出，挤去水分，切成丁。鹅肉丁用料酒5克、精盐0.5克拌匀腌渍入味，再加入湿淀粉5克拌匀上浆。 ②锅内放入植物油烧热，下入蒜末炝香，下入鹅肉丁炒至变色，下入香菇丁炒匀，加汤、酱油、余下的料酒炒开。 ③下入毛豆，加入余下的精盐炒开，烧至熟烂，收浓汤汁，加白糖炒匀，用余下的湿淀粉勾芡，淋入熟鸡油，出锅装盘即成。

【特点】 色泽红润，口感滑嫩，咸香鲜美。

【提示】 烧制时要用小火，且勤晃锅，以免煳底。

【功效】 鹅肉富含蛋白质、亚油酸、钙、磷、铁、锌、维生素（E、B_1、B_2）等，并含有十余种氨基酸，儿童常食可促进身体生长发育。香菇富含优质蛋白质、钙、磷、铁、硒、维生素（A、B族、C、E）等，所含香菇多糖对儿童有增高增重，增加血红细胞，明显提高智力，提高机体免疫力等作用。毛豆富含优质蛋白质、不饱和脂肪酸、钙、磷、铁、锌、胡萝卜素、B族维生素等，所含脑磷脂对儿童脑神经的发育特别重要。儿童常食此菜，有利于大脑及身体发育和个头长高。

香煎芝麻鹅肉饼

【原料】 净鹅肉200克，芝麻100克，口蘑、汤各50克，葱末、姜末各10克，料酒8克，精盐3克，白糖2克，鸡蛋1个，花生油150克。

【制法】 ①鹅肉洗净，沥去水分，剁成蓉。口蘑洗净，剁成末。芝麻用湿洁布擦干净，平铺在盘中。 ②鹅肉蓉放入容器内，加入葱末、姜末、料酒、精盐、白糖、汤、鸡蛋液、花生油20克，用筷子顺一个方向充分搅匀上劲至呈稠糊状，再加入口蘑末搅匀，制成直径3厘米的丸子，滚匀芝麻，再按扁成芝麻鹅肉饼生坯。 ③锅烧热，加入余下的花生油烧热，摆入芝麻鹅肉饼生坯，用小火煎至两面均呈淡黄色、熟透铲出，沥去油，装盘即成。

【特点】 色泽淡黄，外酥里嫩，咸香可口。

【提示】 煎鹅肉饼时要先将一面煎熟，再翻个儿煎另一面。

【功效】 鹅肉含丰富的蛋白质、不饱和脂肪酸、亚油酸、钙、磷、铁、维生素（E、B_1、B_2）等，所含10多种氨基酸是儿童生长发育所必需的营养物质，芝麻是一种高蛋白、高铁、高钙的三高食品，并富含维生素E、卵磷脂、不饱和脂肪酸等，可开胃健脾，益肝补肾，健脑益智。口蘑营养比较全面，多为人体所需，常食可强身健体，健脑益智。儿童常食此菜，可为身体补充生长发育所需的丰富营养素，有助于骨骼和大脑发育，增强机体免疫力。

什锦拌鹅肉丝

【原料】 净鹅肉200克，金针菇（罐装）、水发木耳、青椒、红椒各 35 克，蒜末 10 克，精盐 3 克，白糖 2 克，香油 20 克。

【制法】 ①鹅肉洗净，沥去水分，放入锅中，加入清水，盖上锅盖用大火烧开，改用小火煮至熟透捞出，沥去水分，撕成丝。金针菇切去根，洗净，沥去水分，切成 3.5 厘米长的段。青椒和红椒均去蒂、去子，洗净，切成丝，晾凉。木耳去根，洗净，切成丝。 ②锅内放入清水 400 克烧开，加入精盐 1 克，下入木耳丝、金针菇段、青椒丝、红椒丝烧开，捞出，沥去水分，晾凉。 ③鹅肉丝放入容器内，加入木耳丝、金针菇段、红椒丝、青椒丝、蒜末、白糖、余下的精盐、香油拌匀，装盘即成。

【特点】 色彩斑斓，口感脆嫩，咸香清新。

【提示】 煮鹅肉时要随时撇去汤中浮沫。

【功效】 金针菇营养丰富，含有大量蛋白质、糖类、锌、钙、磷、铁、胡萝卜素、维生素（B_1、B_2）等，儿童常食可促进记忆，开发智力，增加身高和体重。木耳富含钙、铁、胡萝卜素、蛋白质等，所含卵磷脂、脑磷脂对儿童智力开发有益。二物与营养丰富的鹅肉同烹成菜，儿童常食对大脑和身体发育均有促进作用，并有助个头长高。

紫菜鹅丸汤

【原料】 净鹅肉 125 克，黄瓜 50 克，紫菜 15 克，葱段、姜片各 5 克，料酒、葱姜汁各 10 克，精盐、鸡精各 3 克，鸡蛋清半个，清汤 600 克，香油 4 克。

【制法】 ①黄瓜洗净，切成菱形片。紫菜撕成小片。鹅肉洗净，沥去水分，剁成蓉，放容器内，加入葱姜汁、鸡蛋清、料酒 5 克、精盐和鸡精各 1 克、清水 25 克，用筷子顺一个方向充分搅匀上劲至呈稠糊状。 ②锅内放入清水烧开，将调好的鹅肉蓉挤成均匀的丸子，下入清水锅中用小火烧开，煮至熟透捞出。另将锅内放入清汤，下入葱段、姜片烧开，煮3分钟，拣出葱段、姜片不用。 ③下入鹅肉丸、黄瓜片、紫菜片，加入余下的料酒和精盐烧开，加余下的鸡精，淋入香油，出锅装碗即成。

【特点】 肉丸细嫩，汤汁清澈，咸香鲜美。

【提示】 黄瓜要切成薄片。

【功效】 鹅肉含丰富的蛋白质、不饱和脂肪酸、亚油酸、钙、磷、铁、维生素（E、B族）等，所含十多种氨基酸，是儿童生长发育所必需的营养物质。紫菜营养丰富，可为儿童提供生长发育所需的蛋白质、钙、磷、铁、锌、碘、B族维生素、胡萝卜素等，所含胆碱是大脑合成乙酰胆碱的重要原料，乙酰胆碱是大脑记忆信息传递因子，常吃紫菜具有益智作用。儿童常吃此菜可促进大脑和身体发育，并有利于个头长高。

松香玉米鹅肉羹

【原料】 净鹅肉75克，嫩玉米50克，熟松子仁25克，葱末10克，料酒8克，精盐、白糖各3克，湿淀粉30克，花生油20克，香油5克。

【制法】 ①鹅肉洗净，沥去水分，剁成蓉。玉米洗净，沥去水分，切碎。松子仁剥去外衣。 ②锅内放入花生油烧热，下入葱末炝香，下入鹅肉蓉煸炒至熟，烹入料酒，下入碎玉米炒匀，加入清水650克烧开，煮熟。 ③加入精盐、白糖，用湿淀粉勾芡，加入松子仁、香油搅匀，出锅装碗即成。

【特点】 软烂稠滑，咸香润口，别具风味。

【提示】 湿淀粉要先用清水30克调成稀糊。

【功效】 鹅肉富含蛋白质、不饱和脂肪酸、亚油酸、钙、磷、铁、维生素（E、B族）等，所含10余种氨基酸是儿童生

Ertong Yingyang Baojian Cai

长发育所必需的营养物质。玉米营养丰富，所含多量谷氨酸能帮助和促进细胞进行呼吸，故有健脑作用。所富含的维生素E可防止脑内产生过氧化物，防止大脑活力衰退。松子仁富含不饱和脂肪酸、蛋白质、糖类、挥发油、钙、磷、铁、锌、维生素E、卵磷脂等，可养血补液，健脑强身。儿童常食此菜，能补脑强身，增强记忆，对骨骼和牙齿的发育十分有益。

畜 肉 类

三豆煲猪脊

【原料】 猪脊骨 500 克，花生仁、水发黄豆、毛豆各 50 克，油菜心、胡萝卜各 25 克，葱段、姜片各 10 克、料酒 8 克、精盐 3 克，白糖 2 克。

【制法】 ①猪脊骨洗净，顺骨缝劈成块。花生仁、黄豆、毛豆均洗净。胡萝卜洗净，去皮，切成丁。油菜心掰洗干净，沥去水分。 ②锅内放入清水烧开，下入猪脊骨块，用大火烧开，余去血污捞出，沥去水分，放入沙锅内，加入花生仁、黄豆、葱段、姜片，加入料酒、清水 650 克，烧开，煲 1.5 小时。 ③下入毛豆、胡萝卜丁，加入精盐、白糖烧开，煲至熟烂，下入油菜心炖熟即成。

【特点】 三豆柔软，肉烂汤醇，咸香味美。

【提示】 要用小火盖上锅盖煲制。

【功效】 猪脊骨的肉质富含优质蛋白质、锌、磷、铁、维生素（B族、D）等，猪脊骨煮制的汤中富含钙、磷、卵磷脂、类黏蛋白、骨胶原等。花生仁富含蛋白质、不饱和脂肪酸、钙、磷、铁及多种维生素等，所富含的卵磷脂和脑磷脂对儿童提高智力和促进发育有益。黄豆、毛豆均富含优质蛋白质、不饱和脂肪酸、钙、磷、铁、锌、脑磷脂、卵磷脂、B族维生素、胡萝卜素等。诸物同烹成菜，是儿童一款美味的补脑益智、强身健体营养保健菜肴。

87

脊骨炖群菇

【原料】 猪脊骨 500 克，水发猴头菇、水发香菇、草菇、口蘑各 75 克，葱段、姜片各 10 克，料酒 15 克，精盐 3 克，胡椒粉 0.5 克，香油 5 克。

【制法】 ①将猴头菇切成片。猪脊骨剁成块，下入清水锅中烧开，撇净浮沫，加入葱段、姜片、料酒，煮 90 分钟。②拣出葱、姜不用，下入香菇、猴头菇片烧开，炖 30 分钟。③下入草菇、口蘑，加入精盐烧开，炖至草菇熟烂，加胡椒粉，淋入香油，出锅装碗即成。

【特点】 蘑菇柔滑，肉烂汤鲜。

【提示】 煮猪脊骨块时要用小火。

【功效】 猪脊骨富含优质蛋白质、脂肪、钙、磷、铁、锌、维生素（B族、D）等，猪骨煮制的汤中富含钙、磷、卵磷脂、类黏蛋白、骨胶原等。猴头菇、香菇、草菇、口蘑均富含优质蛋白质、钙、磷，所含赖氨酸对儿童有增高增重，提高免疫力，增加血红细胞，明显提高智力等作用。草菇还含有丰富的维生素 C，可促进人体对铁的吸收和利用，也是提高脑力所不可缺少的营养素。儿童常吃此菜，可促进身材长高，也可补脑益智。

淡菜排骨汤

【原料】 猪排骨 350 克，淡菜（海红干品）50 克，苋菜 100 克，粉条 30 克，葱段、姜片各 10 克，料酒 15 克，精盐 3 克，味精 2 克。

【制法】 ①猪排骨洗净，顺骨缝劈开，再逐根剁成 3.5 厘米长的段。淡菜洗净。苋菜择洗干净，沥去水分，切成 3 厘米长的段。　②沙锅内放入清水1000克，下入猪排骨块、淡菜，用大火烧开，撇净浮沫，加入葱段、姜片、料酒，改用小火煲90分钟，拣出葱段、姜片不用。　③下入洗净的粉条，加入精盐烧开，继续用小火煲至粉条熟透，下入苋菜段烧开，炖至熟烂，加味精即成。

【特点】　肉烂汤鲜，味美可口。

【提示】　煲猪排骨时要盖严锅盖，下入苋菜段后不要再盖锅盖。

【功效】　猪排骨的肉质富含优质蛋白质、铁、磷、锌、B族维生素等；猪排骨煮制的汤中含钙丰富，钙是构成骨骼和牙齿的主要成分，儿童体内缺钙会出现鸡胸、驼背、身材矮小、X形腿、O形腿、牙齿稀疏、换牙晚、骨质疏松等症状。淡菜富含优质蛋白质、钙、磷、铁、维生素（B_1、B_2、B_{12}）等，所富含的维生素D原有利于人体对钙的吸收。苋菜含钙丰富，但没有草酸的影响，机体利用率高。儿童常食此菜，有助于身体长高。

仔鸡炖猪排

【原料】　猪排骨400克，净仔鸡300克，胡萝卜100克，葱段、姜片各12克，料酒15克，酱油10克，精盐3克，白糖2克，八角、桂皮各5克，清汤650克。

【制法】　①猪排骨、仔鸡均剁成块。胡萝卜削去外皮，切成滚刀块。猪排块、仔鸡块分别下入沸水锅中氽去血污捞出。另将锅内放清汤、料酒、酱油，下入鸡块烧开。　②下入猪排块、葱段、姜片、八角、桂皮，炖至六成熟，拣出葱段、姜片、八角、桂皮不用，加入精盐烧开，炖至微熟。　③下入胡萝卜块烧至熟烂，加白糖，出锅装碗即成。

【特点】　肉烂汤鲜，营养滋补。

【提示】　排骨块、猪肉块均用大火氽制，小火慢炖。准确掌握胡萝卜块入锅时间，切忌入锅过早。

【功效】　猪排骨富含优质蛋白质、脂肪、糖类、钙、磷、铁、锌、维生素（B族、D）等，还含有较丰富的类黏蛋白质、骨胶原、卵磷脂等，对儿童的骨骼和大脑发育均有益。鸡肉富含优质蛋白质、糖类、不饱和脂肪酸、钙、磷、铁、锌、维生素（B族、D、A、E）等，可补气养血，强筋健骨，补脑益智。胡萝卜富含胡萝卜素、维生素（C、E）、糖类等，经常食用对保护视力、促进生长发育、提高免疫力均有重要作用。三物同烹成菜，是儿童一款美味营养菜肴，经常食用有助于增高增重，增强体质，健脑益智。

栗子猪排煲

【原料】　猪排骨450克，板栗仁150克，大枣50克，口蘑25克，葱段、姜片、料酒各10克，精盐3克。

【制法】　①猪排骨洗净，顺骨缝剖开，再逐根剁成3.5厘米长的段。板栗仁、大枣均洗净。口蘑洗净，掰成块。　②锅内放入清水烧开，下入猪排骨块烧开，氽去血污捞出，沥去水分，放入沙锅内，加入葱段、姜片、料酒、清水650克，盖上锅盖烧开，用小火煲至七成熟。　③下入板栗仁、大枣、口蘑块，加入精盐，继续盖上锅盖，用小火煲至熟烂即成。

【特点】　板栗柔软，肉烂汤鲜。

【提示】　猪排骨块要用大火氽制。

【功效】　猪排骨的肉质富含优质蛋白质、铁、磷、锌、维生素（B族、A、D、E）等，猪排骨煮制的汤中富含钙质。板栗仁富含蛋白质、不饱和脂肪酸、钙、磷、铁、锌及多种维生

素。大枣富含糖类、黏液质、钙、磷、铁及多种维生素等。三物同烹成菜，可为儿童提供生长发育所需的多种营养素，经常食用可促进大脑和身体发育，有助身体长高，并可增强记忆。

香菇烧仔排

【原料】　猪排骨 400 克，水发香菇 100 克，胡萝卜 50 克，葱段、姜片各 8 克，料酒、酱油各 12 克，精盐 3 克，白糖 2 克，湿淀粉 10 克，植物油 30 克，香油 15 克。

【制法】　①猪排骨洗净，顺骨缝逐根剖开，再剁成 3.5 厘米长的段。香菇去蒂，洗净，从中间对剖成两半。胡萝卜洗净，去皮，从中间对剖成两半，再横切成 1 厘米长的段。　②锅内放入清水烧开，下入猪排骨段烧开，余去血污捞出，沥去水分。另将锅内放入植物油烧热，下入葱段、姜片炝香，下入猪排骨段略炒，烹入料酒、酱油炒匀，加入清水 500 克，下入香菇炒开，烧至熟透。　③下入胡萝卜块，加入精盐、白糖炒开，烧至熟烂，收浓汤汁，用湿淀粉勾芡，淋入香油，出锅装盘即成。

【特点】　肉质软烂，香菇柔滑，咸香醇厚。

【提示】　胡萝卜不要入锅过早，掌握好火候。

【功效】　猪排骨富含优质蛋白质、钙、磷、铁、锌、维生素（B 族、A、D、E）等，儿童常食有利于大脑和骨骼发育。香菇营养丰富，所含香菇多糖对儿童有增高增重，增强免疫力，增加血红细胞，明显提高智力等作用。胡萝卜富含的胡萝卜素在人体内可转化为维生素 A，有保护视力、促进生长发育、提高抗病力等多种作用。三物同烹成菜，儿童常食可增强记忆，促进大脑发育，壮骨强身，促进个头长高，并可防止因贫血而出现智力迟钝。

蚝香干炸猪肉丸

【原料】　猪瘦肉 300 克，鸡蛋 2 个，蚝油 25 克，料酒 10 克，白糖 3 克，姜汁 2 克，干淀粉 50 克，花生油 1000 克。

【制法】　①猪瘦肉剁成末，放入容器内，加入鸡蛋液、蚝油、料酒、姜汁、白糖、干淀粉 15 克、花生油 10 克搅匀上劲。②猪肉末制成均匀的丸子，逐一滚匀干淀粉。　③锅内放油烧至五成热，下入丸子炸至熟透浮起捞出，沥去油，装盘即成。

【特点】　金黄浑圆，外酥里嫩，咸香鲜美。

【提示】　炸肉丸时火不要过大，以免外煳内生。

【功效】　猪瘦肉富含蛋白质、铁、磷、锌、维生素（B 族、D）等。鸡蛋富含蛋白质、钙、磷、铁、锌、维生素（D、E、A、B 族）、卵磷脂等。蚝油含锌十分丰富。此菜可为儿童补充丰富的锌、优质蛋白质等，可促进儿童的生长发育和组织再生，还可以改善机体的免疫功能，增强机体的抵抗力，并能保护皮肤健康，对视力也可起到很重要的作用。

香煎猪排

【原料】　猪瘦肉 400 克，芝麻 100 克，葱段、姜片各 10 克，鸡蛋 1 个，料酒 15 克，精盐 2 克，奶粉 25 克，面粉 20 克，花生油 200 克。

【制法】　①猪瘦肉洗净，沥去水分，片成 0.5 厘米厚的大片，在肉片两面轻剁十字花刀。　②猪肉片放入容器内，加入葱段、姜片、料酒、精盐、奶粉拌匀，腌渍 20 分钟入味，再逐片沾匀面粉，挂匀搅散的鸡蛋液，蘸匀芝麻。　③锅烧热，加入花生油滑匀，摆入肉片，煎至底面呈淡黄色、熟透，翻个儿煎另一面，至两面均呈金黄色熟透时，取出，沥去油，切成条，码摆在盘中即成。

【特点】 外酥里嫩，香甜可口，奶香浓郁。

【提示】 煎制时要用小火，一面煎好后再翻个儿煎另一面。

【功效】 猪肉富含优质蛋白质、铁、磷、锌、维生素（B族、E、D、A）等，可滋养健身，促进发育，儿童在生长发育期间常吃猪肉，能助长肌肉和促进身体发育。芝麻是一种高铁、高钙、高蛋白的三高食品，并富含不饱和脂肪酸、维生素E、卵磷脂等，儿童常食可补铁补血，补钙壮骨，补脑益智。二物同烹成菜，是儿童一款美味营养保健菜肴。

瓜米猪肉丁

【原料】 猪瘦肉、黄瓜各150克，花生米50克，葱段、姜片、蒜瓣各10克，料酒、湿淀粉各15克，精盐3克，白糖2克，汤20克，植物油350克。

【制法】 ①猪瘦肉、黄瓜分别洗净，沥去水分，切成1厘米见方的丁。肉丁用料酒5克、精盐0.5克拌匀腌渍入味，再加入湿淀粉5克拌匀上浆。 ②锅内放油烧至四成热，下入肉丁滑熟捞出，再下入花生米炒熟，倒入漏勺，沥去油。 ③锅内放油15克烧热，下入葱段、姜片、蒜瓣炝香，拣出葱段、姜片、蒜瓣不用，下入黄瓜丁炒匀，下入猪肉丁、花生米炒开，烹入余下的调料（不含植物油）对成的芡汁翻匀，出锅装盘即成。

【特点】 肉丁滑嫩，瓜丁脆嫩，口味清香。

【提示】 滑肉丁、炒花生米均用小火。

【功效】 猪瘦肉富含优质蛋白质、铁、磷、锌、维生素（B族、A、E、D）等，可滋养健身，促进发育。黄瓜富含糖类、维生素（A、C）、铁、钾等，所含葫芦素（A、B、C、D）能提高人体免疫功能，具有抗菌，解毒，抵御肿瘤的功效。花生米营养丰富，所含卵磷脂和脑磷脂是神经系统和大脑所不可缺少的营养物质，对儿童提高智力和促进发育有益。三物同烹成菜，是儿童一款美味营养保健菜肴。

肘花蒸蛋

【原料】　熟猪肘子半只（重约400克），鸡蛋3个，葱段、姜片各10克，料酒、酱油各8克，葱姜汁20克，湿淀粉5克，精盐3克，白糖2克，五香粉0.5克，花生油30克。

【制法】　①猪肘子切成大片，皮朝下码摆在碗内，加入料酒、酱油、精盐1.5克、白糖、五香粉、葱段、姜片、清水50克，放入蒸锅内，用大火蒸20分钟。　②鸡蛋磕入容器内，加入葱姜汁、余下的精盐，用筷子充分搅打均匀，再加入清水300克搅匀。将蒸好的肘子片取出，拣出葱段、姜片不用，汤汁滗入净锅内备用，肘子片翻扣在盘中。　③鸡蛋液倒入盛有肘子片的盘内，再淋入花生油，放入蒸锅内，用大火蒸至熟透取出。将净锅内的备用汤汁烧开，用湿淀粉勾芡，出锅浇在盘内肘子片上即成。

【特点】　色泽美观，肉烂浓香，蛋滑咸香。

【提示】　花生油要淋在鸡蛋液上。

【功效】　猪肘子肉富含优质蛋白质、脂肪、钙、磷、铁、锌、维生素（B族、A、D、E）等，儿童常食可补脑强身，促进肌肉和身体发育。鸡蛋富含优质蛋白质、脂肪、铁、钙、磷、锌、维生素（B族、A、E、D）等，儿童常食对大脑和身体发育均有好处，并可增强记忆。二物同烹成菜，是儿童一款补脑益智、补钙壮骨、促进大脑和身体发育的美味营养菜肴。

红枣猪肉羹

【原料】 猪瘦肉 100 克，大红枣 50 克，豌豆、嫩玉米各 15 克，葱末、蒜末、白糖各 5 克，料酒 10 克，酱油 8 克，精盐 2 克，湿淀粉 25 克，植物油 20 克。

【制法】 ①猪瘦肉洗净，剁成末。大枣洗净，去核，切成丁。豌豆、嫩玉米洗净，沥去水分。 ②锅内放油烧热，下入葱末、蒜末炝香，下入肉末炒散，烹入料酒、酱油炒匀，下入豌豆、嫩玉米炒匀，加清水 700 克烧开。 ③下入大枣丁，加入精盐、白糖，煮至熟烂，用湿淀粉勾芡，使汤汁呈稀稠适中的糊状，出锅装碗即成。

【特点】 色泽红润，软嫩稠滑，咸香醇美。

【提示】 炒肉末时火不要过大。

【功效】 猪瘦肉富含优质蛋白质、铁、磷、锌、维生素（B 族、A、D、E）等，可滋养健身，促进发育，儿童常食能助长肌肉和促进身体发育。红枣富含糖类，并含有相当多的有机酸、胡萝卜素、维生素（B 族、C）等，是理想的健脑食品，有益于智力发育。儿童常吃此菜有益健身、健脑、健康发育成长。

双蔬炝猪心

【原料】 猪心 1 个，芥蓝 150 克，胡萝卜 100 克，料酒 10 克，醋 1 克，精盐 3 克，白糖、花椒粒各 2 克，植物油 20 克。

【制法】 ①胡萝卜削去外皮，与猪心均切成条。芥蓝去皮、叶，切成段。猪心条下入加有料酒的沸水锅中余至断生捞出。 ②胡萝卜条、芥蓝段下入沸水锅中焯透，投凉捞出，沥去水分。另将锅内放油烧热，离火后下入花椒粒炸香，捞出花椒粒不用，花椒油备用。　③猪心条放入容器内，加入胡萝卜条、芥蓝段及余下的所有调料拌匀，装盘即成。

【特点】　色泽美观，猪心鲜嫩，双蔬脆嫩，咸香清鲜。

【提示】　猪心条要用大火氽制，氽制时间不要过长，以免失去鲜嫩的口感。

【功效】　猪心富含铁质，还含有蛋白质、脂肪、磷、铁、维生素（B_1、B_2、B_5、C）等，可补血养心，安神定惊，所含维生素D可帮助钙质吸收。芥蓝富含钙、磷、铁，所含较丰富的维生素C，有利于人体对铁的吸收和利用。胡萝卜富含胡萝卜素和较丰富的钙、磷、铁、维生素（C、E）等，可促进儿童生长发育，保护视力，提高机体免疫力。三物同组成菜，可为儿童补充丰富的铁、钙及多种维生素等，对儿童的智力和身体发育，均有良好的作用。

五香熏猪肚

【原料】　猪肚1只，葱段、姜片各20克，调料包（内装八角、桂皮、花椒各10克，白芷3克，丁香1克）1个，料酒30克，精盐10克，白糖25克，香油15克。

【制法】　①猪肚内外洗净，沥去水分，放入清水锅中用大火烧开，煮10分钟捞出，沥去水分。　②锅内放入清水1000克，下入调料包、葱段、姜片，加入料酒、精盐、白糖10克烧开，用小火焖煮至熟烂捞出，沥去汤汁。　③熏锅内撒入余下的白糖，放上熏帘，再把猪肚放在熏帘上，盖严锅盖，用大火烧至锅内冒出黄白色烟时，1分钟后关火，再闷2分钟，取出，趁热刷上香油，切成菱形块，装盘即成。

【特点】　口感软烂，口味咸香，熏香扑鼻。

【提示】　猪肚要用白醋和精盐搓洗内外，以去除异味。

【功效】　猪肚富含蛋白质，脂肪含量少，并含有大量的钙、磷、铁、维生素A等，可健脾益胃，补虚，助气壮力。对儿童食欲缺乏、消化不良等症状有改善作用。

双椒猪肝丁

【原料】　猪肝500克，青椒、红椒各100克，蒜末10克，料酒、湿淀粉各15克，醋1克，精盐3克，白糖2克，汤20克，花生油350克。

【制法】　①猪肝洗净，沥去水分，切成1厘米见方的丁。青椒、红椒均去蒂、去子，洗净，切成丁。猪肝丁用醋、料酒5克、精盐0.5克拌匀腌渍入味，再用湿淀粉5克拌匀上浆。②汤放入碗内，加入白糖和余下的料酒、精盐、湿淀粉对成芡汁。锅内放油烧至四成热，下入猪肝丁滑散至熟，出锅倒入漏勺，沥去油。　③锅内放油15克烧热，下入蒜末炝香，下入青椒丁、红椒丁炒熟，下入猪肝丁炒匀，烹入芡汁翻匀，出锅装盘即成。

【特点】　色泽美观，滑嫩爽脆，咸香清新。

【提示】　猪肝丁入油后要用筷子迅速拨散，以免粘连。

【功效】　猪肝富含优质蛋白质、钙、磷、铁、锌、维生素A、卵磷脂等，可补肝明目，养血，儿童适当食用有利于智力发育和身体发育，并可保护视力。青椒和红椒均富含维生素C、胡萝卜素等，维生素C可促进人体对铁的吸收和利用，提高机体免疫力，也是提高脑功能非常重要的营养素。三物同烹成菜，儿童适当食用有利于大脑和身体发育。

Ertong Yingyang Baojian Cai

黄豆芽炖猪蹄

【原料】 猪蹄2只，黄豆50克，胡萝卜100克，葱段、姜片各15克，料酒10克，酱油6克，精盐3克，白糖2克，醋、香油各5克。

【制法】 ①黄豆拣去杂质，洗净，放入容器内，加入清水浸泡至涨起、略发出芽时捞出，洗净，沥去水分。猪蹄拔净猪毛，刮净油泥，去掉蹄壳，洗净，剁成大块。胡萝卜洗净，去皮，切成滚刀块。 ②锅内放入清水烧开，加入醋，下入猪蹄块，用大火烧开，煮10分钟捞出，沥去水分，放入另一净锅内，加入葱段、姜片、料酒、酱油、白糖、清水850克，用大火烧开，改用小火炖至七成熟，拣出葱段、姜片不用。 ③下入黄豆芽烧开，炖至微熟，下入胡萝卜块，加入精盐烧开，炖至熟烂，淋入香油，出锅装碗即成。

【特点】 猪蹄软烂糯滑，汤汁咸香醇美。

【提示】 猪蹄上的猪毛和油泥一定要治净，否则会有很浓的异味。

【功效】 猪蹄富含蛋白质、脂肪、糖类、钙、磷、铁、维生素（B族、A）等，所含一种胶原蛋白，是构成肌腱和韧带的主要成分，也是形成骨骼框架的重要成分。黄豆富含优质蛋白质、不饱和脂肪酸、钙、磷、铁、锌、B族维生素、胡萝卜素等，儿童常食对大脑和身体发育有益。胡萝卜富含的胡萝卜素在人体内可转化为维生素A，可保护视力，提高免疫力，促进生长发育。三物同烹成菜，是儿童一款美味营养保健菜肴。

萝卜炖牛肉

【原料】 牛肉、萝卜各400克，水发木耳75克，葱段、姜片各10克，料酒15克，精盐、八角、桂皮各3克。

【制法】 ①萝卜切成方块。木耳撕成小片。牛肉切成小块。 ②锅内放入清水，下入牛肉块烧开，撇净浮沫，加入葱段、姜片、八角、桂皮、料酒，用小火炖至八成熟，拣出葱段、姜片、八角、桂皮不用。 ③下入萝卜块烧开，下入木耳片，加入精盐炖至熟烂，出锅装碗即成。

【特点】 萝卜柔嫩，木耳滑脆，肉烂汤鲜。

【提示】 牛肉块入清水锅后要先用大火烧开，撇净浮沫后再改用小火炖制。

【功效】 萝卜营养丰富，所含葡萄糖是儿童大脑细胞迅速增殖和整个神经系统的发育不可缺少的营养素，也是维持心脏及神经系统正常生理功能不可缺少的物质；所含胆碱是大脑合成乙酰胆碱的重要原料，乙酰胆碱是大脑记忆信息传递因子，常吃含胆碱的食物具有益智作用。牛肉是一种高蛋白、低脂肪肉食，含有全部种类的氨基酸和丰富的铁、磷、铜、锌、维生素（A、B族、D、E）等，可补充血，健脾胃，强筋骨，健脑益智。儿童常吃此菜可促进身体健康，增高，增重，增智。

双蔬牛肉片

【原料】 牛肉150克，荷兰豆125克，胡萝卜75克，姜25克，蒜末10克，料酒15克，精盐3克，湿淀粉6克，干淀粉4克，鸡蛋清半个，汤25克，植物油35克。

【制法】 ①荷兰豆掐去两端尖角及边筋。胡萝卜、姜均去皮与牛肉分别切成片。牛肉片用料酒5克、精盐0.5克拌匀腌渍入味，再用鸡蛋清、干淀粉拌匀上浆。锅内放油25克烧热，下入牛肉片炒至变色。　②下入蒜末炒香，烹入余下的料酒炒匀，下入胡萝卜、姜片炒开。　③下入荷兰豆炒匀，加汤、余下的精盐翻炒至熟，用湿淀粉勾芡，淋入余下的油翻匀，出锅装盘即成。

【特点】　色泽油亮，色彩鲜艳，肉片滑嫩，咸香清鲜。

【提示】　牛肉要顶刀切成薄厚均匀的片。

【功效】　牛肉营养丰富，可为儿童补充丰富的优质蛋白质、糖类、铁、磷、铜、锌、维生素（A、E、B族、D）等。荷兰豆富含蛋白质、糖类、钙、磷、铁、胡萝卜素、维生素（B$_1$、B$_2$、C）等。胡萝卜富含胡萝卜素、维生素（C、E）、糖类、蛋白质、钙、磷、铁等。此菜可为儿童补充身体和大脑发育所需的多种营养物质，经常食用有利于身体长高，身体强壮，健脑益智，健康成长。

熟炒芥蓝牛肉

【原料】　熟牛肉、芥蓝各175克，水发香菇50克，葱段、姜片各8克，料酒5克，精盐3克，白糖2克，湿淀粉10克，汤15克，植物油30克。

【制法】　①芥蓝去老根、叶，洗净，削去老皮，切成丁。香菇去蒂，洗净，与熟牛肉均切成丁。　②锅内放油烧热，下入葱段、姜片炝香，下入香菇丁煸炒至透，拣出葱段、姜片不用，下入牛肉丁炒开，烹入料酒炒匀。　③下入芥蓝丁，加入精盐、白糖、汤炒匀至熟，用湿淀粉勾芡，出锅装盘即成。

【特点】　色彩分明，软烂爽脆，咸香清新。

【提示】　勾芡一定要薄而匀。

【功效】 牛肉营养丰富，是一种高蛋白、低脂肪肉食，并富含铁、磷、铜、锌、维生素（B族、A、D、E）等，可健脾胃，益气血，强筋骨，也是传统的健脑食品。香菇营养十分丰富，儿童常食可增加身高和体重，提高机体免疫力，提高智力。芥蓝富含维生素C、胡萝卜素、钙、铁等。儿童常食此菜可促进大脑和身体发育，并有利个头长高。

花腱拌翠兰

【原料】 熟牛腱子肉、西兰花各200克，蒜末10克，精盐3克，白糖2克，香油15克，熟松子仁25克。

【制法】 ①牛腱子肉切成薄片。西兰花洗净，切成小块。锅中加清水350克、精盐1.5克，用大火烧开，西兰花放入锅中焯至熟透捞出，沥去水分。 ②牛腱子肉、西兰花块均放入容器内，加入蒜末、白糖、熟松子仁、香油、余下的精盐拌匀。③牛肉片相互叠压1/2围摆在盘的周围，再把西兰花块码摆在盘中，松子仁均匀地撒在西兰花上即成。

【特点】 色形美观，肉烂花脆，咸香清鲜。

【提示】 牛腱子肉要顶刀切成薄厚均匀的薄片。

【功效】 牛肉是一种高蛋白、低脂肪的肉食，并含有全部种类的氨基酸和丰富的铁、磷、铜、锌、维生素（B族、E、A、D）等，可健脾胃，益气血，强筋骨，也是传统的健脑益智食品。西兰花富含维生素（C、A、B族）、钙、磷、铁、蛋白质、糖类等，可补脑髓，利脏腑，益心力，强筋骨。二物配以可养血补液、健脑强身的松子仁同烹成菜，儿童常食可促进大脑和身体发育，增强记忆，有利个头长高和牙齿替换。

Ertong Yingyang Baojian Cai

什锦牛肉羹

【原料】　牛肉末 75 克，番茄 50 克，胡萝卜、洋葱、黄瓜各 25 克，水发木耳 15 克，葱末 10 克，料酒 8 克，酱油 12 克，精盐 3 克，白糖 2 克，湿淀粉 30 克，植物油 20 克。

【制法】　①番茄去蒂，洗净，放入碗内，加入沸水浸烫 2 分钟取出，剥去外皮，剁成末。胡萝卜洗净，去皮，洋葱去根、老皮，洗净，黄瓜洗净，均剁成末。木耳去根、洗净，切碎。　②锅内放油烧热，下入葱末焅香，下入牛肉末炒散，烹入料酒、酱油炒匀，加清水 700 克烧开。　③下入木耳末、胡萝卜末烧开，煮熟，下入洋葱末、黄瓜末、番茄末，加入精盐、白糖烧开，煮熟，用湿淀粉勾芡，出锅装碗即成。

【特点】　色泽红润，柔滑咸香。

【提示】　勾芡要稠稀适中。

【功效】　牛肉是一种高蛋白、低脂肪肉食，含有全部种类的氨基酸和丰富的铁、磷、铜、锌、维生素（B 族、A、E、D）等，可健脾胃，益气血，强筋骨，也是传统的健脑食品。番茄富含维生素 C，即使加热也不易遭到破坏，而维生素 C 可促进人体对铁的吸收和利用，可增强机体免疫力，也是提高脑功能十分重要的营养素。此菜可为儿童补充生长发育所需的多种营养素，常食可促进儿童生长发育。

清炖双蔬羊肉

【原料】　羊肋肉 450 克，茭白 200 克，胡萝卜 100 克，葱段、姜片各 10 克，料酒 15 克，精盐 3 克，白糖 2 克，胡椒粉 1 克。

【制法】 ①羊肋肉洗净，切成块。胡萝卜削去外皮，切成滚刀块。茭白治净，切成滚刀块。羊肉块下入沸水锅中汆去血污捞出。 ②锅内放入清水，下入羊肉块、葱段、姜片，加入料酒烧开，用小火炖至微熟，拣出葱段、姜片不用。 ③下入胡萝卜块烧开，下入茭白块，加入精盐、白糖、胡椒粉，继续用小火炖至熟烂，出锅装碗即成。

【特点】 萝卜爽嫩，茭白柔滑，肉烂汤醇。

【提示】 胡萝卜块、茭白块不要入锅过早。

【功效】 羊肉肉质细嫩，易于消化，可为儿童补充丰富的高质量蛋白质、钙、磷、铁、维生素（A、B族）等，尤以铁的含量十分丰富。铁是人体红细胞的组成部分，补给充足的铁，不仅可防止贫血，而且可及时给大脑输送氧气，防止因贫血出现智力迟钝。茭白含有较丰富的蛋白质、糖类、维生素（B_1、B_2、E）等。胡萝卜富含胡萝卜素、维生素（C、E）、糖类、钙、磷、铁、蛋白质等。儿童常吃此菜，可补脾胃，益气血，强筋骨，补脑益智，有利于增强体质，身高体壮。

羊肉烧鱼肚

【原料】 羊肉125克，鱼肚（干品）、胡萝卜各100克，油菜、冬笋各25克，蒜片10克。料酒15克，精盐3克，白糖2克，酱油、湿淀粉各15克，汤300克，植物油30克。

【制法】 ①鱼肚洗净，用温水浸泡发透捞出，切成小块。羊肉、胡萝卜、冬笋均切成片。油菜切成段。羊肉片用料酒5克、精盐0.5克、湿淀粉5克拌匀入味上浆。锅内放油烧热，下入蒜片炝香，下入肉片炒至变色，下入冬笋片炒匀，加汤、酱油、余下的料酒烧开。 ②用小火烧至羊肉片八成熟，下入胡萝卜片炒开，烧至微熟，下入油菜段炒开。 ③下入鱼肚块，加入

儿童营养保健菜

白糖、余下的精盐，烧至熟烂，收浓汤汁，用余下的湿淀粉勾
芡，出锅装盘即成。

【特点】　色泽红润，鲜香滑嫩。

【提示】　羊肉要顶刀切成薄片。

【功效】　鱼肚是一种高蛋白、低脂肪食品，并富含钙、
磷、铁、锌、维生素（B_1、B_2、B_5）及大量的胶体物质等。羊肉
富含优质蛋白质、糖类、铁、磷、锌、维生素（B_{12}、B_6、B_1、B_2、
A、D）等。胡萝卜富含胡萝卜素、钙、磷、铁、糖类、维生素C
等。油菜富含钙、磷、铁，所含丰富的维生素C，有利用人体对
铁的吸收。此菜可为儿童补充大量的优质蛋白质、钙、磷、铁、锌、
维生素（B族、A、D、C）等，经常食用对儿童的大脑、骨骼和
牙齿发育均有促进作用，并可预防因贫血所致智力迟钝。

翡翠肉饼

【原料】　羊肉200克，油菜100克，蒜薹50克，鸡蛋1
个，葱末、姜末、蒜末、酱油各5克，料酒15克，精盐3克，白
糖2克，汤150克，湿淀粉、香油各10克，植物油25克。

【制法】　①油菜从中间顺长剖开。蒜薹切成末。羊肉剁
成末，放入容器内，加入葱末、姜末、料酒10克、精盐1克、
白糖、鸡蛋液、汤25克、植物油和香油各5克搅匀，再加入蒜
薹末拌匀，制成8个均匀的肉饼，放入容器内，入蒸锅内蒸至
熟透。　②锅内放余下的植物油烧热，下入蒜末炝香，下入油
菜炒至变软，加入精盐1克炒匀至熟。将蒸熟的肉饼取出，放
入盘内，再将炒熟的油菜围放在肉饼周围。　③锅内放入酱油
和余下的汤、精盐、料酒烧开，用湿淀粉勾芡，淋入余下的香
油炒匀，出锅浇在盘内肉饼油菜上即成。

【特点】　色泽油亮，肉饼滑嫩，咸香醇美。

【提示】 羊肉末内加入调味料后，要用筷子顺一个方向充分搅匀上劲成稠糊状。

【功效】 羊肉富含优质蛋白质、脂肪、铁、磷、锌、维生素（B_1、B_2、B_6、B_{12}、D）等。油菜富含蛋白质、脂肪、糖类、钙、磷、铁、胡萝卜素、维生素 C 等，维生素 C 不仅可促进人体对铁的吸收，还能促进体内抗体的形成，增加机体对疾病的免疫力，抑制亚酸胺在体内合成，有一定的抗癌作用。维生素 C 也是提高脑功能极为重要的营养素。蒜薹含蒜胺，能帮助分解葡萄糖，促进大脑对其吸收，有健脑作用。此菜可为儿童补充大量优质蛋白质、铁等营养素，对儿童生长发育和健脑都十分有益。

美味大丸子

【原料】 羊肉末200克，水发木耳、胡萝卜各50克，鸡蛋1个，料酒、蒜末各15克，酱油、湿淀粉各10克，鲍鱼汁20克，精盐0.5克，白糖2克，汤200克，香油10克。

【制法】 ①木耳、胡萝卜均剁成末。羊肉末放入容器内，加入鸡蛋液、木耳末、胡萝卜末、蒜末、料酒、精盐、白糖、汤50克搅匀成馅。 ②肉馅制成5个均匀的大丸子，放入抹油的容器内，入蒸锅内，用大火蒸至熟透取出，摆入盘内。 ③锅内放余下的汤、鲍鱼汁、酱油烧开，用湿淀粉勾芡，淋入香油炒匀，出锅浇在盘内大丸子上即成。

【特点】 个大浑圆，鲜香软嫩，味美诱人。

【提示】 芡汁调制要稠稀适中。

【功效】 羊肉富含优质蛋白质、脂肪、糖类、铁、磷、锌、维生素（B_6、B_{12}、B_1、B_2、A、D）等，铁的含量十分丰富。木耳富含铁、钙，所含卵磷脂、脑磷脂，对儿童智力开发十分有益。

胡萝卜富含胡萝卜素，在人体内可转化为维生素A，所富含的维生素C可促进人体对铁的吸收。此菜为儿童补铁佳肴。

香菇烧兔肉

【原料】　净兔肉350克，水发香菇150克，胡萝卜75克，西芹30克，葱段、姜片各8克，料酒、酱油各15克，精盐3克，白糖2克，湿淀粉10克，鸡汤500克，植物油30克。

【制法】　①兔肉洗净，沥去水分，剁成2.5厘米见方的块。香菇去蒂，洗净，挤去水分。胡萝卜洗净，去皮，先顺长从中间对剖成4条，再斜切成1.5厘米长的段。西芹去根、叶，洗净，斜切成1.5厘米长的段。　②锅内放入清水烧开，下入兔肉块烧开，余去血污捞出，沥去水分。另将锅内放油烧热，下入葱段、姜片炝香，下入兔肉块略炒，烹入料酒、酱油炒匀，加鸡汤，下入香菇，盖上锅盖用大火烧开，改用小火烧至熟透。③下入胡萝卜块炒开，继续盖上锅盖，用小火烧至熟烂，下入西芹段，加入精盐、白糖炒开，改用大火把锅中汤汁收至浓稠，用湿淀粉勾芡，出锅装盘即成。

【特点】　色泽红润，软烂柔滑，咸香鲜美。

【提示】　收浓汤汁时要勤晃动锅，以免煳底。

【功效】　香菇营养十分丰富，可为儿童提供生长发育所需的优质蛋白质、钙、磷、铁、锌、硒、维生素（A、B族、C、E）等，儿童常食可增强体质，提高免疫力，增高增重，预防骨质疏松，明显提高智力。兔肉是一种高蛋白、高铁、高钙、高磷的肉食，并富含锌、硫、钾、维生素（A、B_1、B_2、E、D）、卵磷脂等，儿童常食有助于大脑和骨骼发育。二物同烹成菜，儿童常食可促进记忆，开发智力，增加身高和体重。

枣烧兔肉

【原料】　净兔肉 400 克，大枣、口蘑各 75 克，葱段、姜片各 8 克，料酒、酱油各 12 克，精盐 3 克，白糖 5 克，湿淀粉 10 克，植物油 25 克，香油 15 克。

【制法】　①兔肉洗净，沥去水分，剁成 2.5 厘米见方的块。大枣、口蘑洗净。兔肉块下入沸水锅中，余去血污捞出，沥去水分。　②锅内放入植物油烧热，下入葱段、姜片炝香，下入兔肉块煸炒至锅内水干，烹入料酒、酱油炒匀，加清水 500 克炒开，烧至六成熟，拣出葱段、姜片不用。　③下入大枣、口蘑炒匀，烧至熟烂，加入精盐、白糖炒开，烧至汤汁浓稠，用湿淀粉勾芡，淋入香油，出锅装盘即成。

【特点】　色泽红亮，兔肉熟烂，咸香醇美。

【提示】　要用小火盖上锅盖焖烧。

【功效】　兔肉富含蛋白质、钙、磷、铁、锌、钾、硫及多种维生素、卵磷脂等，是传统的健脑益智食物，儿童常食有利于大脑和身体发育。大枣富含糖类、黏液质、钙、磷、铁和丰富的维生素等，有很好的补益强壮作用，也是理想的健脑食品，有益于智力发育。此菜可为儿童提供身体发育所需的多种营养素，经常食用可健脑强身，促进个头长高。

花耳蒸兔肉

【原料】　净兔肉 400 克，水发黄花菜、水发木耳各 50 克，胡萝卜 30 克，豌豆 20 克，葱段、姜片各 10 克，料酒 5 克，精盐、鸡精各 3 克，五香粉 0.5 克，湿淀粉 8 克，花生油 25 克。

【制法】　①兔肉洗净，沥去水分，剁成 2.5 厘米见方的

块。黄花菜掐去老根，洗净，挤去水分，系成扣。木耳去根，洗净，撕成小片。胡萝卜洗净，去皮，切成1厘米见方的丁。豌豆洗净。　②兔肉块放入容器内，加入葱段、姜片、料酒、精盐、鸡精、五香粉、湿淀粉、花生油拌匀，再加入黄花菜扣、木耳片、胡萝卜丁、豌豆拌匀，腌渍20分钟。　③拣出葱段、姜片不用，装入盘中，放入蒸锅内，用大火蒸至熟透取出即成。

【特点】　兔肉滑嫩，咸香味美，诱人食欲。

【提示】　蒸制时要将原料上盖上一层油纸。

【功效】　兔肉营养成分独特，是一种高蛋白、低脂肪、低胆固醇和高铁、高钙、高磷的肉食，并含有较多的锌、钾、硫、维生素（A、E、B_1、B_2、D）、卵磷脂等，儿童常食可增强体质，增高增重，健脑益智。黄花菜富含胡萝卜素、维生素（B_1、B_2）、糖类、铁、蛋白质等，具有安神健脑作用。儿童常吃此菜有利于大脑和身体发育，能增强记忆，促进个头长高。

双蔬烩兔柳

【原料】　净兔肉、番茄、苦瓜各100克，葱段、姜片各10克，料酒12克，精盐3克，白糖2克，湿淀粉15克，干淀粉2.5克，鸡蛋清半个，鸡清汤500克，香油5克。

【制法】　①苦瓜去蒂，顺长从中间剖开，挖去瓜瓤，横切成片。番茄去蒂，切成小橘瓣块。兔肉抹刀切成柳叶形片，用料酒5克、精盐0.5克拌匀腌渍入味，再用鸡蛋清、干淀粉拌匀上浆。　②锅内放入鸡清汤，下入葱段、姜片烧开，煮5分钟，拣出葱段、姜片不用，加入余下的料酒，下入兔肉片、苦瓜片烧开。　③下入番茄，加入白糖、余下的精盐，烩至熟烂，用湿淀粉勾芡，淋入香油，出锅装碗即成。

【特点】　色彩艳丽，肉片嫩滑，汤汁稠浓，味美鲜香。

【提示】 湿淀粉要先用清水澥开成稀糊状，再徐徐倒入汤锅内，并用手勺搅动。

【功效】 兔肉富含蛋白质、钙、磷、铁、锌、钾、维生素（A、E、D、B_1、B_2）、卵磷脂等，儿童常吃兔肉可增强体质，增高增重，健脑益智。番茄富含糖类、有机酸、铁、钙、维生素（C、B_1、B_2）、胡萝卜素等，所含丰富的烟酸，是儿童生长发育不可缺少的维生素；所含丰富的维生素 C 可促进人体对铁的吸收和利用，增强机体对疾病的免疫力，也是提高脑功能极为重要的营养素。常吃此菜可补充身体所需的水分和营养素，有利于儿童健康成长。

枸杞兔肉酿草菇

【原料】 枸杞子20克，净兔肉200克，草菇150克，鸡蛋1个，葱段、姜片、干淀粉、湿淀粉各10克，精盐3克，白糖2克，鸡汤200克，料酒、植物油各15克。

【制法】 ①兔肉制成蓉，放入容器内，加入料酒5克、精盐1.5克、白糖、鸡蛋液、鸡汤25克、干淀粉、植物油搅匀，制成均匀的丸子摆入盘内，再放上入沸水锅中焯透的草菇，点缀上枸杞子。 ②入蒸锅内，用大火蒸至熟透捞出。 ③锅内放入余下的鸡汤、料酒，下入葱段、姜片烧开，煎煮5分钟，拣出葱段、姜片不用，加入余下的精盐，用湿淀粉勾芡，出锅浇在盘内草菇兔肉上即成。

【特点】 软嫩柔滑，咸香鲜美，诱人食欲。

【提示】 兔肉蓉内加入调味料后，要用筷子顺一个方向充分搅匀上劲成稠糊状。

【功效】 枸杞子富含钙、磷、铁和十几种氨基酸及多种维生素，可促生长，强筋骨。兔肉是一种高蛋白、低脂肪、低

胆固醇食物，并富含钙、磷、铁、锌、钾、维生素（B_1、B_2、B_5、E、A）、卵磷脂等，是传统的健脑食品。草菇营养比较全面，含有人体必需的 8 种氨基酸和丰富的钙、磷、铁、锌和大量的维生素，可增强机体抗病的能力，并有健脑益智作用。此菜可为儿童补充身体所需的优质蛋白质、钙、磷、铁、锌及多种维生素、卵磷脂等，经常食用可促进大脑和身体发育，增强记忆力，增加身高和体重，增强机体对疾病的免疫力。

松香兔肉丁

【原料】 净兔肉 150 克，水发香菇 100 克，熟松子仁 50 克，青椒、红椒各 25 克，蒜末 10 克，料酒 12 克，精盐、鸡精各 3 克，湿淀汾 15 克，汤 20 克，植物油 350 克，熟鸡油 8 克。

【制法】 ①兔肉洗净，沥去水分，香菇去蒂，洗净，青椒、红椒均去蒂、去子，洗净，分别切成丁。松子仁剥去外衣。兔肉丁用料酒 5 克、精盐 1 克拌匀腌渍入味，再加入湿淀粉 5 克拌匀上浆。 ②汤放入容器内，加入鸡精和余下的料酒、精盐、湿淀粉对成芡汁。锅内放入植物油烧至四成热，下入兔肉丁滑散，下入香菇丁滑散至熟，出锅倒入漏勺，沥去油。 ③锅内放入植物油 15 克烧热，下入蒜末炝香，下入红椒丁、青椒丁煸炒至微熟，下入兔肉丁、香菇丁、松子仁炒开，烹入芡汁翻匀，淋入熟鸡油，出锅装盘即成。

【特点】 色泽鲜亮，口感滑嫩，口味清香。

【提示】 烹汁后要用大火快速翻匀出锅。

【功效】 兔肉营养成分独特，富含蛋白质、钙、磷、铁、锌、硫、钾、维生素（B_1、B_2、B_5、E、A、D）等，并富含卵磷脂，儿童常食对大脑和身体发育有益。香菇营养十分丰富，儿童常食可增高增重，提高免疫力，增加血红细胞，明显提高智力。松子仁富含脂肪、蛋白质、糖类、挥发油、钙、磷、铁、维生素E、卵磷脂等，可补脑强身，增强记忆，防止骨质疏松，对小儿长牙、换牙也有帮助。诸物同烹成菜，是儿童一款美味营养保健菜肴。

三蔬兔肉丸

【原料】　净兔肉200克，山药（去皮）、莴笋（去叶、皮）、胡萝卜（去皮）各75克，葱姜汁20克，料酒15克，精盐、鸡精各3克，白糖2克，五香粉0.5克，鸡蛋清1个，鸡汤25克，湿淀粉、熟鸡油各10克，花生油500克。

【制法】　①兔肉洗净，沥去水分，剁成末。山药、莴笋、胡萝卜均洗净，用挖球器挖成直径1.5厘米的小圆球。　②兔肉末放入容器内，加入葱姜汁、料酒、精盐、鸡精各半，再加入白糖、五香粉、鸡蛋清、鸡汤，用筷子顺一个方向充分搅匀上劲至呈稠糊状，再挤成均匀的丸子，下入烧至五成热的油中，用小火炸成金黄色、熟透捞出，沥去油。　③锅内留油15克，下入莴笋球、胡萝卜球、山药球，加余下的鸡汤、料酒、葱姜汁、精盐烧开，煮熟，加余下的鸡精，用湿淀粉勾芡，下入兔肉丸炒匀，淋入熟鸡油，出锅装盘即成。

【特点】　色泽油亮，肉丸酥嫩，咸香鲜美。

【提示】　兔肉丸入油锅后，要用手勺不停地推搅，使其受热均匀。

【功效】　兔肉是一种高蛋白、低脂肪、低胆固醇肉食，并富含钙、磷、铁、硫、锌、钾、维生素（B_1、B_2、B_5、E、A、D）、卵磷脂等，是传统的健脑食品，儿童常食对大脑和身体发育有益。山药富含糖类、蛋白质、维生素C、胡萝卜素、黏液质、皂苷、胆碱、多酚氧化酶等，可健脾益胃，益气补虚，所含胆碱是神经细胞传递信息不可缺少的化学物质，具有健脑作用。莴笋、胡萝卜均富含钙、铁、胡萝卜素、维生素（C、E）等。儿童常吃此菜可促进脑和身体发育，有利个头长高。

蛋 品 类

番茄煎蛋

【原料】 鸡蛋4个，香菜15克，葱白末10克，料酒8克，精盐3克，白糖2克，番茄、花生油各100克。

【制法】 ①鸡蛋磕入碗中，加入葱白末、料酒、精盐、白糖，用筷子充分搅打均匀。 ②番茄去蒂，洗净，切成丁。香菜择洗干净，切成1厘米长的段。番茄丁、香菜段均放入鸡蛋液中搅匀。 ③锅内放油烧热，倒入调好的番茄鸡蛋液，摊成大圆饼，用小火煎至熟透，出锅拖入盘中，用刀划成小菱形块即成。

【特点】 色泽鲜艳，柔软咸香。

【提示】 鸡蛋液入油锅后，要转动锅，使蛋液在锅中摊匀。

【功效】 鸡蛋富含优质蛋白质、脂肪、钙、磷、铁、锌、维生素（A、E、D、B族）、卵磷脂等，儿童常食有助于大脑和身体发育，增强记忆。番茄富含维生素C、钙、铁、糖类、有机酸等，维生素C可促进人体对铁的吸收和利用，可提高机体免疫力，也是提高脑功能十分重要的营养素。儿童常吃此菜有利于大脑和身体发育。

吉利堂菠菜蛋饺

【原料】 鸡蛋3个，猪肥瘦肉末150克，菠菜50克，葱末、姜末各5克，精盐3克，白糖2克，湿淀粉15克，料酒、香

油各10克，清汤150克，植物油50克。

【制法】 ①菠菜剁成末。猪肉末放入容器内，加入葱末、姜末、料酒、精盐2克、白糖、香油搅匀，再加入菠菜末拌匀成馅。鸡蛋磕入容器内，加入余下的精盐、湿淀粉5克搅散成鸡蛋液。锅内抹匀植物油烧热，加入鸡蛋液摊成蛋皮，放上馅，折叠捏严成菠菜蛋饺生坯，摆入盘内，依次制好。 ②菠菜蛋饺生坯放入蒸锅内，用大火蒸至熟透取出。 ③锅内放清汤烧开，用余下的湿淀粉勾芡，出锅浇在盘内蒸熟的菠菜蛋饺上即成。

【特点】 色泽金黄，柔嫩咸香。

【提示】 菠菜末要装入纱布口袋内，挤去水分。

【功效】 鸡蛋富含蛋白质、脂肪、铁、钙、磷、锌、维生素（D、A、E、B族）、卵磷脂等。猪肥瘦肉富含蛋白质、脂肪、糖类、钙、磷、铁、锌、B族维生素等。菠菜含铁丰富。此菜可为儿童补充丰富的铁、钙、脂肪、蛋白质及多种维生素。

芙蓉鸡片

【原料】 鸡蛋清6个，净鸡肉150克，葱段、姜片、料酒、湿淀粉、香油各10克，姜汁、白糖各2克，精盐3克，鸡汤200克，花生油800克。

【制法】 ①鸡蛋清放入容器内，用筷子充分搅打成泡沫状。鸡肉制成蓉，放入容器内，加入料酒、姜汁、精盐2克、白糖、鸡汤50克、香油充分搅开，加入鸡蛋清内搅匀。 ②锅内放花生油烧至四成热，用手勺舀鸡蓉蛋清入油锅内，烧至熟透捞出，沥去油。 ③锅内放余下的鸡汤，下入葱段、姜片烧开，煮5分钟，拣出葱段、姜片不用，加入余下的精盐，用湿淀粉勾芡，下入鸡蓉片翻匀，出锅装盘即成。

【特点】 色泽洁白，鲜香柔嫩。

【提示】　准确掌握油温，切忌油温过高。

【功效】　鸡蛋清含大量蛋白质，蛋清蛋白质中含有极丰富的氨基酸，其组成比例非常适合人体需要，且在人体内利用率很高。鸡肉富含蛋白质、人体必需8种氨基酸及多种无机盐、维生素等。花生油含有丰富的亚油酸、亚麻油酸、花生四烯酸3种不饱和脂肪酸，是构成脑细胞的重要成分。此菜可为儿童补充大量的优质蛋白质、优质脂肪酸等，有利于儿童大脑发育，并可增加身高和体重，还能防止贫血。

鲜香猪肉蛋肠

【原料】　鸡蛋4个，猪肥瘦肉末300克，蒜末10克，精盐3克，白糖2克，虾皮、料酒、湿淀粉各15克，猪骨汤200克，植物油45克。

【制法】　①虾皮剁成末。猪肉末放入容器内，加入鸡蛋液1个、料酒、精盐2克、白糖、猪骨汤50克、植物油15克搅匀上劲，再加入虾皮末、蒜末拌匀成馅。　②余下的3个鸡蛋磕入容器内，加入余下的精盐、湿淀粉5克搅散成鸡蛋液，分3次倒入刷油烧热的锅内，摊成圆形鸡蛋皮，至熟取出，从中间切成两半，分别将馅放在蛋皮的一边，呈圆柱状，然后卷起成卷，放入蒸锅内蒸熟取出。　③蒸熟的猪肉蛋肠斜切成段，码摆在盘内。锅内放入余下的猪骨汤烧开，用余下的湿淀粉勾芡，出锅浇在盘内猪肉蛋肠段上即成。

【特点】　色泽鲜亮，鲜香嫩滑。

【提示】　鸡蛋皮要用小火煎制。肉馅要放在鸡蛋皮切口的一边。

【功效】　猪肥瘦肉含丰富的钙、磷、铁、脂肪等。虾皮含钙十分丰富。鸡蛋富含蛋白质、脂肪、钙、磷、铁、维生素

（A、E、D、B族）、卵磷脂等，所富含的维生素D在人体内可调节钙、磷代谢，促进钙、磷的吸收和利用，以构成健全的骨骼和牙齿。此菜可为儿童补充丰富的钙质和脂肪。

蒜香火腿炒蛋

【原料】　鸡蛋4个，火腿100克，青蒜50克，精盐3克，白糖2克，料酒、湿淀粉各10克，汤30克，植物油50克。

【制法】　①青蒜斜切成段。火腿切成小片。鸡蛋磕入容器内，加入精盐1克搅散成鸡蛋液。　②锅内放油30克烧热，倒入鸡蛋液煎成鸡蛋片，至熟铲出备用。锅内放余下的油烧热，下入青蒜段炒香，下入火腿片炒开，烹入料酒炒匀，加汤、白糖、余下的精盐炒熟。　③下入鸡蛋片翻匀，用湿淀粉勾芡，出锅装盘即成。

【特点】　色泽美观，咸香柔嫩，蒜香浓郁。

【提示】　鸡蛋要用大火热油煎熟。

【功效】　鸡蛋富含蛋白质、人体必需的8种氨基酸、糖类、铁、钙、磷和维生素、卵磷脂等。火腿富含蛋白质、人体必需的8种氨基酸、铁、磷、锌、维生素（B族、D）等。青蒜含有维生素C，有利于人体对铁的吸收。所含蒜胺能帮助分解葡萄糖，促进大脑对其吸收，有健脑作用。此菜可为儿童补充丰富的优质蛋白质、铁等营养物质，可促进儿童生长发育。

蛋奶甜橙露

【原料】　鸡蛋2个，甜橙100克，牛奶500克，白糖50克，湿淀粉25克。

【制法】　①鸡蛋磕入碗内，用筷子充分搅打均匀。甜橙

Ertong Yingyang Baojian Cai

洗净，去皮，切成小丁。 ②锅内放入清水200克烧沸，加入牛奶、白糖烧开，用湿淀粉勾芡，使汤汁呈稀糊状。 ③淋入鸡蛋液，下入甜橙丁搅匀，出锅装碗即成。

【特点】 色泽淡雅，口感柔滑，香甜润口。

【提示】 甜橙丁入锅后立即出锅装碗。

【功效】 鸡蛋富含优质蛋白质、脂肪、钙、磷、铁、锌、维生素（A、E、D、B族）等，可滋阴润燥，补血安神，儿童常食有利于大脑和身体发育，并可增强记忆。甜橙富含维生素C，可促进人体对铁的吸收和利用，可提高机体免疫力，也是提高脑功能不可缺少的营养素。二物配以可促进儿童生长发育的牛奶同烹，是儿童一款美味营养甜品菜肴。

肉末翠苗拌鸭蛋

【原料】 鸭蛋5个，猪肥瘦肉末、黑豆苗各50克，蒜末、料酒、酱油、湿淀粉各10克，精盐3克，白糖2克，汤100克，花生油20克。

【制法】 ①黑豆苗下入沸水锅中焯透，投凉捞出，沥去水分，放入容器内备用。鸭蛋下入清水锅中，用小火烧开，煮至熟透捞出，放入冷水中浸泡一会儿，取出剥去壳，切成小块。②锅内放油烧热，下入蒜末炝香，下入肉末煸炒至变色，烹入料酒、酱油炒匀，加汤、精盐、白糖炒开，烧至熟烂，用湿淀粉勾芡成卤，离火备用。 ③鸭蛋块放入盘内，再放上黑豆苗，浇上烧好的肉末卤，食时拌匀即成。

【特点】 色泽美观，柔嫩爽脆，味美浓香。

【提示】 黑豆苗烫至断生即可，焯制时间不要过长。

【功效】 鸭蛋富含优质蛋白质、脂肪、铁、钙、锌、维生素（A、E、B族、D）、卵磷脂等。猪肥瘦肉富含蛋白质、脂肪、糖类、钙、磷、铁、锌、维生素（A、B族、E、D）、脑磷脂、不饱和脂肪酸等。黑豆苗富含钙、铁、维生素C、胡萝卜素、蛋白质等。此菜可为儿童补充丰富的蛋白质、脂肪、糖类、维生素（A、B族、C、D）、钙、铁、锌等，营养全面而丰富，经常食用对骨骼和大脑发育均十分有益。

松仁兰花烩鹌鹑蛋

【原料】　鹌鹑蛋200克，西兰花150克，火腿30克，熟松子仁20克，蒜片、姜片各8克，料酒10克，精盐、鸡精各3克，湿淀粉15克，鸡汤350克，植物油25克。

【制法】　①鹌鹑蛋放入锅中，加入清水，盖上锅盖用小火烧开，煮熟捞出，放入冷水中浸泡一会儿捞出，沥去水分，剥去壳。西兰花洗净，切成小块。火腿切成小片。　②锅内放油烧热，下入蒜片、姜片炝香，下入火腿片略炒，烹入料酒炒匀，加入鸡汤，下入鹌鹑蛋烧开。　③下入西兰花块，加入精盐，烩至熟烂，加鸡精，用湿淀粉勾芡，撒入松子仁，出锅装入汤盘即成。

【特点】　鹑蛋柔嫩，兰花爽嫩，咸香味美。

【提示】　要用中火烩制，勾芡要稠稀适中。

【功效】　鹌鹑蛋富含优质蛋白质、铁、钙、磷、锌、维生素（A、E、B族、P、D）、卵磷脂等，可益气补血，强筋健骨，健脑益智。西兰花富含蛋白质、糖类、钙、磷、铁、维生素C、胡萝卜素等，可补脑髓，利脏腑，强筋骨。松子仁富含不饱和脂肪酸、蛋白质、糖类、挥发油、钙、磷、铁及多种维生素，可养血补液，补脑强身。儿童常吃此菜，可促进大脑发育，对骨骼、牙齿的发育也有促进作用。

肉末酿鹌鹑蛋

【原料】 鹌鹑蛋14个，猪肥瘦肉末200克，芹菜50克，葱末、姜末各5克，葱段、姜片各8克，料酒15克，精盐3克，白糖2克，酱油、湿淀粉、植物油各10克，骨头汤200克。

【制法】 ①鹌鹑蛋下入清水锅中烧开，煮熟捞出，投凉捞出，剥去外皮。芹菜剁成末。猪肉末放入容器内，加入芹菜末、葱末、姜末、料酒10克、精盐1克、白糖、骨头汤50克、植物油搅匀上劲成馅。 ②肉馅制成14个均匀的丸子，将鹌鹑蛋酿入，摆入容器内，入蒸锅用大火蒸至熟透取出，摆入盘内。③锅内放余下的骨头汤，下入葱段、姜片烧开，煮5分钟，拣出葱段、姜片不用，加入酱油、余下的料酒和精盐烧开，用湿淀粉勾芡，出锅浇在盘内肉末酿鹌鹑蛋上即成。

【特点】 色泽红润，咸香滑嫩，口味清新。

【提示】 鹌鹑蛋入清水锅后，要用小火烧开、煮熟。

【功效】 鹌鹑蛋富含蛋白质、人体必需的8种氨基酸、铁、磷、钙、锌及维生素（A、E、D、B族）、脂肪、糖类等，所含卵磷脂是大脑增强记忆不可缺少的物质。猪肥瘦肉含丰富的蛋白质、脂肪、糖类、钙、磷、铁、锌、B族维生素等，所含脂肪是构成脑细胞的重要成分，能促进脑神经发育和神经纤维髓鞘的形成，并保证它们有良好的作用。芹菜富含钙、铁、胡萝卜素、维生素C等，有健脑醒神作用。儿童常吃此菜，有利于智力和身体发育。

食用菌类

兔蓉兰花菇托

【原料】 水发香菇175克，净兔肉150克，西兰花100克，蒜末10克，葱段、姜片各8克，料酒、香油各15克，精盐3克，味精2克，鸡蛋清2个，鸡汤125克，湿淀粉10克。

【制法】 ①香菇去蒂。西兰花切成小块。兔肉制成蓉，放入容器内，加入料酒10克、精盐2克、鸡蛋清、香油8克、蒜末搅匀成馅。 ②香菇下入沸水锅中焯透捞出，沥去水分。兔肉馅逐一酿入香菇内，再放上一块西兰花，摆入盘内，入蒸锅内用大火蒸至熟透取出，汤汁滗入净锅内。 ③汤锅内加入鸡汤、余下的料酒，下入葱段、姜片烧开，煮5分钟，拣出葱段、姜片不用，加入余下精盐、味精，用湿淀粉勾芡，淋入余下的香油，出锅浇在盘内兔蓉兰花菇托上即成。

【特点】 色泽淡雅，柔嫩滑软，咸香鲜美。

【提示】 兔肉蓉内加入调味料后，要用筷子顺一个方向充分搅匀上劲呈稠糊状。

【功效】 香菇富含优质蛋白质、维生素（A、B族、C、E、D）、钙、磷、铁、锌等，所含丰富的赖氨酸对儿童有增高增重，提高免疫力，增加血红细胞，明显提高智力等多种作用。兔肉富含蛋白质、糖类、钙、磷、铁、锌、维生素（A、E）、卵磷脂等，是传统的健脑益智食物。西兰花富含蛋白质、糖类、钙、磷、铁、维生素（A、B族、C）等，可补脑髓，利脏腑，益心力，强筋骨。儿童常吃此菜，对大脑及身体发育成长均有促进作用。

肉片平菇

【原料】 平菇200克，牛肉100克，荷兰豆50克，蒜末、酱油各10克，料酒15克，精盐3克，白糖2克，湿淀粉13克，汤75克，植物油30克。

【制法】 ①平菇去根，用沸水焯透，挤去水分，撕成片。荷兰豆掐去两端及边筋。牛肉切成片，用料酒5克、精盐0.5克、湿淀粉3克拌匀入味上浆。 ②锅内放油烧热，下入蒜末炝香，下入肉片炒至断生，烹入余下的料酒炒开，下入平菇片炒匀。③下入荷兰豆，加汤、酱油、余下的精盐炒开，烧至熟烂，收浓汤汁，加白糖，用余下的湿淀粉勾芡，出锅装盘即成。

【特点】 色泽红润，咸香滑嫩。

【提示】 炒牛肉片时火不要过大。勾芡一定要薄。

【功效】 牛肉营养全面而丰富，所含大量的优质蛋白质，是脑细胞的主要成分之一，对人的记忆、思考、语言、运动、神经传导等方面都有重要作用。牛肉还富含铁、磷、锌、铜及维生素（B_{12}、B_6、B_1、B_2）等，锌是儿童发育必不可少的元素，对儿童有促进记忆，开发智力，增加身高和体重的作用。平菇富含优质蛋白质、维生素（A、B族、E、C）及多种微量元素等，所含丰富的赖氨酸对儿童有增高增重，提高免疫力，明显提高智力的作用。儿童常吃此菜，对身体和智力发育均十分有益，并可增强体质，提高免疫力。

平菇鲮鱼皮

【原料】 平菇200克，净鲮鱼皮100克，净鸡脯肉50克，蒜末、姜末各5克，料酒15克，酱油6克，醋2克，精盐、鸡精各 3 克，白糖 1 克，胡椒粉 0.5 克，湿淀粉 12 克，清汤 200 克，花生油 30 克，熟鸡油 10 克。

【制法】 ①平菇去老根，洗净，切成均匀的块。鱼皮洗净，沥去水分，切成均匀的菱形片。鸡脯肉洗净，沥去水分，抹刀切成片，用料酒 5 克、精盐 0.5 克拌匀腌渍入味，再加入湿淀粉 2 克拌匀上浆。②锅内放入清水烧开，下入平菇块，用大火烧开，焯透捞出，沥去水分。另将锅内放入清水 350 克烧开，加入醋，下入鱼皮片，用大火烧开，汆透捞出，沥去水分。③锅内放入花生油烧热，下入蒜末、姜末炝香，下入鸡片炒至变色，下入鱼皮片炒匀，烹入余下的料酒，下入平菇块炒匀，加清汤、酱油、白糖、余下的精盐炒开，烧至熟透，收浓汤汁，加鸡精、胡椒粉，用余下的湿淀粉勾芡，淋入熟鸡油，出锅装盘即成。

【特点】 色泽油亮，滑嫩咸鲜。

【提示】 烧制时要用中火，收汁时要用大火，勤晃动锅，以免煳底。

【功效】 平菇富含优质蛋白质、钙、磷、硒、锌、维生素（A、B 族、C、E）等，赖氨酸含量较高，儿童常食有助于骨骼生长和大脑发育。鲮鱼皮富含蛋白质、不饱和脂肪酸、钙、磷、铁、锌、维生素（B_1、B_2、E、D、B_5）等，可补益脾胃，行气活血，强筋壮骨，儿童常食有助骨骼生长和大脑发育。二物配以可温中补脾、益气养血、健脑益智、强筋健骨的鸡肉同烹，是儿童一款美味营养保健菜肴。

鹅肉片炒鲜蘑

【原料】 鲜蘑菇 250 克，净鹅肉 75 克，油菜、胡萝卜各 30 克，蒜末 10 克，料酒 12 克，精盐 3 克，白糖 2 克，湿淀粉 13 克，植物油 25 克，香油 8 克。

【制法】 ①蘑菇去根，洗净，下入沸水锅中，用大火烧开，焯透捞出，沥去水分，切成小块。油菜择洗干净，切成2厘米长的段。胡萝卜洗净，去皮，切成菱形片。鹅肉洗净，沥去水分，切成片，用料酒5克、精盐0.5克拌匀腌渍入味，再加入湿淀粉3克拌匀上浆。 ②锅内放入植物油烧热，下入蒜末炝香，下入鹅肉片炒至断生，烹入余下的料酒，下入蘑菇块炒匀。 ③下入胡萝卜片、油菜段，加入白糖、余下的精盐、清水20克炒匀至熟，用余下的湿淀粉勾芡，淋入香油，出锅装盘即成。

【特点】 色泽美观，滑嫩咸鲜。

【提示】 鹅肉片用小火炒制，下入蘑菇块后改用大火炒熟。

【功效】 蘑菇富含优质蛋白质、钙、磷、铁、锌、硒、维生素（A、B族、C、E）等，赖氨酸的含量很高，而赖氨酸对儿童有增高增重，提高免疫力，增加血红细胞、明显提高智力等作用。油菜富含钙、铁、胡萝卜素、维生素C。胡萝卜富含胡萝卜素，在人体内可转化为维生素A，有促进大脑和身体发育成长的作用。诸物与营养丰富的鹅肉同烹成菜，儿童常食可促进大脑及全身生长发育，并有利个头长高。

草菇兔肉丸

【原料】 草菇150克，兔肉300克，胡萝卜100克，料酒15克，精盐2克，葱段、姜片、蚝油、湿淀粉、熟鸡油各10克，鸡清汤300克，植物油20克。

【制法】 ①胡萝卜制成小圆球。兔肉剔去骨，取净肉150克制成蓉，放入容器内，加入料酒10克、精盐1.5克、鸡清汤50克、熟鸡油搅匀，制成均匀的丸子，下入清水锅中用小火烧开，煮至熟透捞出。 ②锅内放植物油烧热，下入葱段、姜片炝香，下入胡萝卜球略炒，拣出葱段、姜片不用，下入草菇炒匀，加余下的鸡清汤、精盐、料酒烧开，加入蚝油烧至熟烂，收浓汤汁。　③下入兔肉丸炒匀，烧至汤汁将尽，用湿淀粉勾芡，出锅装盘即成。

【特点】　色泽美观，肉丸细嫩，咸香鲜美。

【提示】　兔肉蓉内加入调味料后，要用筷子顺一个方向充分搅匀上劲成稠糊状。

【功效】　草菇富含蛋白质、17 种氨基酸，包括人体必需 8 种氨基酸，其中赖氨酸的含量非常丰富，并富含维生素 C。兔肉富含蛋白质、钙、磷、铁、锌、维生素（B_1、B_2、E、D、A）、卵磷脂等，是传统的健脑食品。胡萝卜富含胡萝卜素，在人体内可转化为维生素 A。此菜可为儿童补充大量优质蛋白质、钙、磷、铁、锌、维生素（A、B 族、E、C、D）等，经常食用有助于儿童增高增重，增强记忆力，保护视力，提高机体免疫力。

酥炸草菇

【原料】　草菇 225 克，鸡蛋 1 个，蚝油 15 克，精盐 2 克，葱段、姜片各 10 克，湿淀粉 75 克，面粉 50 克，花生油 850 克。

【制法】　①草菇下入沸水锅中，加入葱段、姜片、精盐烧开，焯透捞出，沥去水分。　②湿淀粉放入容器内，加入鸡蛋液、面粉 25 克、蚝油、花生油 10 克调匀成糊。　③草菇蘸匀面粉，拖匀蛋粉糊，下入烧至五成热的油中炸至熟透、浮起捞出，沥去油，装盘即成。

【特点】　色泽金黄，外酥里嫩，咸香鲜美。

【提示】　炸制时火不要过大，准确掌握油温。

【功效】　草菇营养比较全面，含人体必需的 8 种氨基酸和丰富的维生素 C、钙、磷、锌等，尤以赖氨酸的含量丰富，研究表明，赖氨酸能增高增重，提高免疫力，增加血红细胞，明

显提高智力。蚝油富含锌、钙及维生素 D，维生素 D 在人体内的主要功用是调节体内钙、磷代谢，促进钙、磷的吸收和利用，以构成健全的骨骼和牙齿。儿童常吃此菜，对大脑和骨骼、牙齿发育均有促进作用，并可增强体质。

葱香子蘑

【原料】 滑子蘑（干品）100 克，洋葱、猪瘦肉、鸡汤各 75 克，姜末 5 克，精盐 3 克，白糖 2 克，料酒、湿淀粉、熟鸡油各 10 克，花生油 20 克。

【制法】 ①滑子蘑洗净，泡透，下入沸水锅中焯透捞出。洋葱切成块。猪瘦肉切成片，用料酒 5 克、精盐 0.5 克、湿淀粉 2 克拌匀入味上浆。锅内放花生油烧热，下入姜末炝香，下入肉片炒至断生，烹入余下的料酒炒匀。 ②下入洋葱块炒匀。③下入滑子蘑，加入鸡汤、白糖、余下的精盐炒匀至熟，用余下的湿淀粉勾芡，淋入熟鸡油，出锅装盘即成。

【特点】 色泽油亮，口感滑嫩，咸香鲜美。

【提示】 滑子蘑要用冷水冲洗干净，用温水泡透。

【功效】 滑子蘑是一种高蛋白、低脂肪食品，含人体必需的多种氨基酸、糖类、钙、磷、硒、锌及多种维生素等，所含较丰富的赖氨酸，对儿童有增高增重，提高免疫力，增加血红细胞，明显提高智力等多种作用。洋葱含钙丰富，还含丰富的维生素（A、C）、钾等，可提高消化能力，增进食欲。猪瘦肉富含蛋白质、糖类、铁、磷、锌、维生素（A、E、D）等，经常食用可助长肌肉和身体发育。此菜可为儿童补充丰富的优质蛋白质、钙、磷、锌、维生素（A、D）等，经常食用有利于促进儿童机体生长和益智健脑。

口蘑焖牛肉

【原料】 口蘑200克，牛肉150克，油菜心50克，葱段、姜片、料酒、酱油各10克，精盐3克，白糖2克，汤400克，植物油25克。

【制法】 ①油菜切成段。牛肉切成块。锅内放油烧热，下入葱段、姜片炝香，下入肉块炒至变色，烹入料酒、酱油炒匀，拣出葱段、姜片不用。 ②加汤炒开，焖至微熟，下入口蘑，加入精盐、白糖炒开，焖至熟烂，收浓汤汁。 ③下入油菜段炒匀至熟，出锅装碗即成。

【特点】 色泽红润，软烂滑嫩，咸香醇美。

【提示】 要用小火盖上锅盖焖制。

【功效】 口蘑营养丰富，含人体必需的8种氨基酸和丰富的钙、磷、锌、维生素（B_1、B_2、B_5）等。牛肉是一种高蛋白、低脂肪肉食，含全部种类的氨基酸和丰富的铁、磷、锌、铜及多种维生素等。此菜可为儿童补充丰富的氨基酸、锌、维生素（B_1、B_2）等，对小儿的生长发育和健脑均有重要作用。

白蘑蛋羹

【原料】 白蘑（干品）20克，鸡蛋2个，虾皮10克，料酒、葱姜汁各8克，精盐1.5克，鸡精3克，牛奶50克，花生油20克。

【制法】 ①白蘑用冷水洗净，放入容器内，加入清水浸泡至回软捞出，挤去水分。鸡蛋磕入容器内。白蘑切成丁。 ②鸡蛋液内加入料酒、葱姜汁、精盐、鸡精搅散，再加入白蘑丁、虾皮、牛奶及泡白蘑的原汁150克搅匀，淋入花生油。 ③入蒸锅内蒸至熟透，取出即成。

【特点】 色泽鲜亮，咸香柔滑。

【提示】 泡白蘑的原汁要静置沉淀，滤清后再用。

【功效】 白蘑含丰富的优质蛋白质、维生素（A、B族、E、C）及多种无机盐，并含丰富的赖氨酸。鸡蛋富含蛋白质、人体必需的 8 种氨基酸、铁、磷、钙、锌、维生素（A、B族、E、D）、卵磷脂等，卵磷脂是大脑记忆保持旺盛不可缺少的物质。此菜可为儿童补充大量的优质蛋白质、钙、磷、铁、锌、维生素（A、B族、C、E、D）等，经常食用有利于儿童身高体壮，并可健脑益智，增强记忆力。

双丝炒金针菇

【原料】 金针菇（罐装）200 克，牛肉 100 克，青椒 50 克，精盐 3 克，白糖 2 克，蒜丝、料酒、湿淀粉各 10 克，汤 15 克，植物油 20 克。

【制法】 ①金针菇去老根，切成段。青椒、牛肉均切成丝。牛肉丝用料酒 5 克、精盐 0.5 克拌匀腌渍入味，再用湿淀粉 3 克拌匀上浆。 ②锅内放油烧热，下入蒜丝炝香，下入牛肉丝炒至断生。 ③下入金针菇段炒匀，加汤、余下的料酒炒匀至熟，下入青椒丝，加入余下的精盐、白糖炒熟，用余下的湿淀粉勾芡，出锅装盘即成。

【特点】 色泽金黄，咸香脆嫩。

【提示】 金针菇要用沸水浸泡 10 分钟左右。

【功效】 金针菇含丰富的蛋白质、人体必需的 8 种氨基酸、锌及较多的钙、钾等。牛肉富含蛋白质，脂肪含量少，还含全部种类的氨基酸和丰富的铁、磷、铜、锌、维生素（B$_{12}$、B$_6$、E、A）等。青椒富含维生素 C，有利于人体对铁的吸收。

此菜可为儿童补充丰富的锌、铁、优质蛋白质及多种维生素，经常食用可促进记忆，开发智力，增加身高和体重，防止因贫血出现智力迟钝。

红杞猴菇酿鸡蓉

【原料】 水发猴头菇200克，净鸡肉、鸡清汤各150克，鸡蛋1个，枸杞子20克，油菜叶15克，葱段、姜片、湿淀粉各10克，精盐3克，白糖2克，料酒、香油各15克。

【制法】 ①猴头菇切成片。鸡肉制成蓉。油菜叶切成丝。锅内放清水350克，加入精盐1克烧开，下入猴头菇片烧开，焯透捞出，沥去水分，摆入容器内。 ②鸡蓉放入容器内，加入料酒10克、精盐1克、白糖、鸡蛋液、鸡清汤25克、香油10克搅匀上劲，逐一酿在猴头菇片上，再点缀上枸杞子、油菜叶丝，入蒸锅内蒸至熟透取出，摆入盘内。 ③锅内放入余下的鸡清汤、料酒，下入葱段、姜片烧开，用小火煎煮5分钟，拣出葱段、姜片不用，加入余下的精盐，用湿淀粉勾芡，淋入余下的香油炒匀，出锅浇在盘内鸡蓉猴头菇上即成。

【特点】 色形美观，鲜嫩柔滑，诱人食欲。

【提示】 鸡肉要先切成大薄片，再用刀背砸成蓉。

【功效】 猴头菇营养十分丰富，是高蛋白、低脂肪食品，含有人体必需的8种氨基酸和丰富的钙、磷、铁、胡萝卜素、维生素（B_1、B_2）、膳食纤维等，可助消化，利五脏，增强记忆力，增加免疫力。鸡肉富含蛋白质、糖类、磷、铁、铜、钙、锌及多种维生素，并含有人体必需的8种氨基酸，可益五脏，健脾胃，活血脉，强筋骨。枸杞子富含钙、磷、铁和十几种氨基酸、多种维生素，可促生长，强筋骨。诸物同烹成菜，儿童经常食用，对大脑和骨骼发育均有促进作用，并可增强机体对疾病的免疫力。

猴菇鸡片

【原料】　猴头菇、净鸡肉各 125 克，葱段、姜片、蒜瓣（拍松）各 10 克，料酒 15 克，精盐、干淀粉各 3 克，白糖 2 克，湿淀粉 5 克，鸡蛋清半个，汤 50 克，油菜、植物油各 30 克。

【制法】　①猴头菇洗净，用温水浸泡至回软，捞出挤去水分，切成片。鸡肉抹刀切成片。油菜切成段。　②鸡片用料酒 5 克、精盐 0.5 克拌匀腌渍入味，再用鸡蛋清、干淀粉拌匀上浆。锅内放油 20 克烧热，下入葱段、姜片、蒜瓣炝香，拣出葱段、姜片、蒜瓣不用，下入鸡片炒至变色。　③下入猴头菇片炒匀，加汤、白糖、余下的料酒和精盐炒匀至微熟，下入油菜段炒匀至熟，用湿淀粉勾芡，淋入余下的油翻匀，出锅装盘即成。

【特点】　色泽油亮，口感柔滑，咸香鲜美。

【提示】　鸡片上浆要匀。

【功效】　猴头菇营养十分丰富，是高蛋白、低脂肪食物，含有人体必需的 8 种氨基酸和丰富的钙、磷、铁、胡萝卜素、维生素（B_1、B_2）、膳食纤维等，可助消化，利五脏，增强记忆力，增加免疫力。鸡肉富含蛋白质、人体必需的 8 种氨基酸、不饱和脂肪酸、多种无机盐和维生素等，可益五脏，健脾胃，活血脉，强筋骨。此菜可为儿童补充大量优质蛋白质，有助于儿童大脑和骨骼发育。

豆制品蔬菜类

什锦绿豆芽

【原料】　绿豆芽200克，胡萝卜75克，青椒50克，粉丝25克，蒜15克，醋5克，精盐3克，白糖2克，香油10克。

【制法】　①青椒、胡萝卜、蒜均切成丝。绿豆芽掐去两端。　②锅内放入清水烧开，下入绿豆芽烧开，焯透，投凉捞出，放入容器内。　③待锅内的水再烧开时，下入粉丝烧开，焯至六成熟，下入胡萝卜丝焯透，投凉捞出，放入绿豆芽内，加入青椒丝、蒜丝及所有调料拌匀，装入盘内即成。

【特点】　色泽美观，清爽脆嫩，咸香清鲜。

【提示】　绿豆芽要焯至熟透，以免有豆腥味。

【功效】　绿豆芽富含维生素（B_1、B_2、B_6、B_{12}）、钙、磷、锌、胡萝卜素等。胡萝卜富含胡萝卜素，在人体内可转化为维生素A。青椒富含维生素C。此菜可为儿童补充大量维生素，增强身体免疫力，促进生长，保证健康。

鸡丝黑豆芽

【原料】　黑豆芽300克，净鸡肉75克，红椒25克，蒜丝8克，料酒10克，精盐3克，白糖2克，湿淀粉12克，植物油50克。

【制法】　①黑豆芽掐去老根，洗净，沥去水分。红椒去蒂、去子，洗净，与洗净的鸡肉分别切成丝。鸡丝用料酒5克、精盐

Ertong Yingyang Baojian Cai

0.5克拌匀腌渍入味，再用湿淀粉2克拌匀上浆。　②锅内放油30克烧热，下入鸡丝炒熟，出锅倒入漏勺，沥去油。　③锅内放入余下的油烧热，下入蒜丝炝香，下入黑豆芽、红椒丝煸炒至熟，下入鸡丝，加入白糖、余下的料酒和精盐炒匀，用余下的湿淀粉勾芡，出锅装盘即成。

【特点】　豆芽脆嫩，鸡丝滑嫩，清鲜爽口。

【提示】　黑豆芽要用大火速炒。

【功效】　黑豆芽富含蛋白质、不饱和脂肪酸、钙、磷、铁、锌、维生素（E、B族、C）等，儿童常食对大脑、骨骼、牙齿发育有益。鸡肉富含优质蛋白质、不饱和脂肪酸、钙、磷、铁、锌、维生素（B族、A、E、D）等，儿童常食对大脑和身体发育均有促进作用。二物同烹成菜，是儿童一款美味保健菜肴。

双丁烧黄豆

【原料】　水发黄豆150克，海带、猪瘦肉各100克，葱段、姜片各10克，料酒8克，精盐3克，白糖2克，湿淀粉13克，植物油30克。

【制法】　①黄豆洗净，沥去水分。海带、猪瘦肉分别洗净，沥去水分，切成丁。肉丁用料酒5克、精盐0.5克拌匀腌渍入味，再用湿淀粉3克拌匀上浆。　②锅内放油烧热，下入葱段、姜片炝香，下入肉丁炒至变色，下入海带丁炒匀，烹入余下的料酒炒开。　③下入黄豆炒匀，加入清水350克、白糖、余下的精盐炒开，用小火烧至熟烂，收浓汤汁，用余下的湿淀粉勾芡，出锅装盘即成。

【特点】　色泽素雅，口感嫩滑，咸香鲜美。

【提示】　烧制时要勤晃动锅，以免煳底。

【功效】　黄豆富含优质蛋白质、不饱和脂肪酸、钙、磷、铁、锌、胡萝卜素、B族维生素等，儿童常食可促进大脑和身体发育，增强记忆力，并有利个头长高。海带是一种高蛋白、低脂肪海产品，并富含钙、磷、铁、碘、胡萝卜素、B族维生素等，儿童适量食用可促进生长发育，预防因碘缺乏而引发的一系列不良症状。二物与可促进儿童生长发育的猪瘦肉同烹成菜，是儿童一款日常营养保健菜肴。

虾仁豆腐

【原料】　豆腐200克，净鸡肉100克，虾仁8只，蒜末、葱段、姜片、酱油各10克，料酒15克，精盐3克，白糖2克，湿淀粉13克，鸡蛋1个，汤150克，花生油800克。

【制法】　①豆腐切成8个正方形块。鸡肉剁成末。虾仁治净，用料酒5克、精盐0.5克拌匀腌渍入味，再用湿淀粉3克拌匀上浆。鸡肉末放入容器内，加入鸡蛋液、蒜末、料酒5克、精盐1克、花生油10克搅匀成馅。　②锅内放油烧至七成热，下入豆腐块，炸至外表略硬捞出，沥去油，豆腐中心挖成底部和边宽均为0.5厘米厚的槽，然后逐一酿入鸡肉末，放上虾仁，摆入容器内。　③入蒸锅内，用大火蒸至熟透取出，摆入盘内。锅内放入汤，下入葱段、姜片烧开，煮5分钟，拣出葱段、姜片不用，加入白糖、酱油、余下的料酒和精盐，用余下的湿淀粉勾芡，淋入熟油10克炒匀，出锅浇在盘内虾仁豆腐上即成。

【特点】　色泽红润，软嫩鲜香，诱人食欲。

【提示】　豆腐块要用大火炸制。

【功效】　豆腐富含优质蛋白质、糖类、钙、磷、铁、锌、维生素（C、B$_1$、B$_2$）等，所含天门冬氨酸、谷氨酸、胆碱对人体脑神经发育有促进作用，并能增强人的记忆力。鸡肉富含优质蛋白质、不饱和脂肪酸、磷、铁、铜、锌、钙、维生素（A、

B_1、B_2、B_{12}、B_6、D）等。虾仁富含优质蛋白质、钙、磷、维生素 A 等，是上等健脑益智、强身健体食物。此菜可为儿童补充大量优质蛋白质、钙、磷、铁、锌及多种维生素，对儿童的大脑和骨骼、牙齿发育均有促进作用。

豆腐鲫鱼羹

【原料】　豆腐 100 克，净鲫鱼肉 75 克，苋菜 25 克，火腿 15 克，葱末、姜末各 5 克，料酒、酱油各 10 克，醋 1 克，精盐、鸡精各 3 克，胡椒粉 0.5 克，湿淀粉 30 克，植物油 20 克。

【制法】　①豆腐切成小丁。鲫鱼肉洗净，沥去水分，剁成末。苋菜择洗干净，沥去水分，切成丝。火腿切成粒状。　②锅内放入植物油烧热，下入葱末、姜末炝香，下入鱼肉末炒至变色，烹入醋、料酒、酱油炒开，下入火腿粒炒匀，加入清水 700 克烧开。　③下入豆腐丁，加入精盐煮透，下入苋菜丝搅匀，煮至熟烂，加鸡精、胡椒粉，用湿淀粉勾芡，使汤汁呈稀糊状，出锅装碗即成。

【特点】　色泽红润，豆腐滑嫩，汁稠味鲜。

【提示】　煮豆腐丁时火不要过大，以免煮碎。

【功效】　豆腐营养丰富，可为儿童补充大量优质蛋白质、铁、钙、磷、钾、维生素（B_1、B_2）等，所含丰富的赖氨酸和天门冬氨酸、谷氨酸、胆碱等，对人体脑神经发育有促进作用。鲫鱼富含优质蛋白质、钙、磷、铁、锌、维生素（B_1、B_2、E）等。苋菜富含钙、铁、胡萝卜素、维生素 C 等。此菜可为儿童提供促进身体生长发育所必需的多种营养素，常食对大脑及身体发育均有促进作用，并有利身体长高。

骨汤牡蛎炖豆腐

【原料】 豆腐250克，净牡蛎肉150克，猪脊骨500克，油菜50克，葱段、姜片各15克，料酒20克，精盐、鸡精各3克，醋2克。

【制法】 ①猪脊骨洗净，剁成块。牡蛎肉洗净。油菜择洗干净，切成3厘米长的段。豆腐切成2厘米见方的块。 ②锅内放入清水1000克，下入猪脊骨块，用大火烧开，煮5分钟，撇净浮沫，加入葱段、姜片、料酒，盖上锅盖，改用小火熬煮至汤汁余下650克时，拣出葱段、姜片、猪脊骨块不用。 ③下入豆腐块、牡蛎肉，加入醋、精盐烧开，炖至豆腐入透味，下入油菜段烧开，炖熟，加鸡精，出锅装碗即成。

【特点】 豆腐滑嫩，牡蛎鲜嫩，汤白味鲜。

【提示】 猪脊骨要顺骨缝劈开成块。

【功效】 豆腐富含优质蛋白质、钙、磷、铁、不饱和脂肪酸等，并富含赖氨酸、天门冬氨酸、谷氨酸、胆碱等，常食可促进儿童脑神经发育，并可增强记忆。牡蛎肉营养丰富，含有大量优质蛋白质、牛磺酸、糖原、锌、硒及多种维生素等，常食对儿童的智力和身体发育均有好处。二物配以含钙丰富的猪脊骨汤同烹成菜，儿童常食有利大脑及身体发育，并有利身体长高。

双鲜卤汁水豆腐

【原料】 豆浆750克，熟鸡肉75克，水发海参50克，蒜薹25克，姜末5克，蚝油15克，料酒、湿淀粉各10克，醋、精盐、卤水各3克，清汤200克，植物油20克，熟鸡油10克。

Ertong Yingyang Baojian Cai

【制法】 ①熟鸡肉切成丁。海参去内脏，洗净，切成丁。蒜薹切成小段。海参丁下入沸水锅中，加入醋烧开，氽透捞出。锅内放植物油烧热，下入姜末炝香，下入鸡丁略炒，加清汤烧沸，下入海参丁烧开。 ②下入蒜薹段，加入料酒、蚝油、精盐烧至熟烂，用湿淀粉勾芡，淋入熟鸡油成卤，离火备用。 ③锅内放豆浆烧开，煮2分钟，加入卤水搅匀，出锅倒入容器内静置凝固成水豆腐，盛入碗内，浇上烧好的卤汁即成。

【特点】 色泽淡雅，口感嫩滑，咸香鲜美，蒜香浓郁。

【提示】 鸡肉、海参均切成1厘米见方的丁。豆浆倒入容器内，要盖上容器盖子静置凝固。

【功效】 豆浆富含蛋白质、钙、磷、铁、不饱和脂肪酸、卵磷脂、脑磷脂、B族维生素等，所含赖氨酸、天门冬氨酸、谷氨酸、胆碱等，对儿童的大脑发育有促进作用，并可增强记忆力。鸡肉、海参均富含优质蛋白质、钙、铁、维生素（B_1、B_2）等。此菜可为儿童补充身体所需的多种营养素，经常食用有利于增加身高和体重，并可补脑益智。

蚝油卤汁豆腐脑

【原料】 豆浆750克，黄瓜100克，羊肉75克，蒜末、料酒、酱油各10克，精盐1.5克，白糖2克，湿淀粉13克，石膏粉3克，肉汤200克，蚝油20克，花生油25克。

【制法】 ①黄瓜、羊肉均切成丁。羊肉丁放入容器内，加入料酒5克、精盐0.5克拌匀腌渍入味，再加入湿淀粉3克拌匀上浆。石膏粉放入容器内，加入温水10克溶解。 ②锅内放花生油烧热，下入蒜末炝香，下入肉丁炒至断生，烹入酱油、余下的料酒炒匀，加肉汤、蚝油、白糖炒开，烧至熟烂，下入黄瓜丁、余下的精盐炒开，用余下的湿淀粉勾芡成卤汁，离

火备用。 ③锅内放入豆浆烧开，煮2分钟，出锅倒入容器内，加入石膏水搅匀，盖上容器盖子静置凝固成豆腐脑，盛入碗内，浇上烧好的卤汁即成。

【特点】 肉丁滑嫩，瓜丁脆嫩，豆腐柔滑，咸香鲜美。

【提示】 豆浆要用小火熬煮，注意不要煳底。

【功效】 豆浆富含蛋白质、钙、磷、铁、不饱和脂肪酸、卵磷脂、脑磷脂、B族维生素等。黄瓜富含糖类、铁、钾、维生素（A、C）。羊肉富含优质蛋白质、糖类、铁、磷、锌、维生素（A、E、B族、D）等。此菜不仅可为儿童补充大量热能和水分，还可为儿童补充身体发育所需的优质蛋白质、脂肪、糖类、钙、磷、铁、锌、维生素（A、D、E、B族）等。儿童常吃此菜有助于骨骼和大脑发育，促进健康成长。

绿苋香肠烧腐扣

【原料】 干豆腐（豆皮）200克，香肠100克，苋菜75克，蒜瓣、姜片、葱段、湿淀粉各10克，料酒5克，精盐2克，鸡汤150克，花生油20克。

【制法】 ①苋菜洗净，下入沸水锅中焯透，投凉捞出，挤去水分。香肠切成条。干豆腐切成1.5厘米宽、10厘米长的条，再系成扣。锅内放油烧热，下入蒜瓣、姜片、葱段炝香，加鸡汤烧开，拣出葱段、姜片、蒜瓣不用，下入干豆腐扣烧开。 ②加入料酒，烧至汤汁将尽，下入香肠条炒匀至透。 ③下入苋菜，加入精盐炒匀，用湿淀粉勾芡，出锅装盘即成。

【特点】 色泽淡雅，口感嫩滑，咸香鲜美。

【提示】 苋菜焯至断生即可，干豆腐扣要用小火慢烧。

【功效】 干豆腐富含优质蛋白质、糖类、不饱和脂肪酸、铁、钙、磷、维生素（B_1、B_2）等，所含脑磷脂、卵磷脂对儿童智力开发十分有益；所含赖氨酸、天门冬氨酸、谷氨酸胆碱等，对人体脑神经发育有促进作用，并能增强人的记忆力。苋菜富含较多的氨基酸、钙、磷、铁、胡萝卜素、维生素 C 等，而且其中的钙、铁没有卓酸的干扰，利用率高，无副作用。儿童常吃此菜，可为身体补充生长发育所需的多种营养物质，有利于身高体壮，健脑益智。

淡菜炒菜心

【原料】　油菜心 250 克，淡菜（海红干品）75 克，火腿 30 克，葱段、姜片、蒜瓣各 5 克，料酒 10 克，醋 1 克，精盐、鸡精各 3 克，胡椒粉 0.5 克，湿淀粉 6 克，植物油 25 克。

【制法】　①淡菜洗净，放入碗内，加入料酒、醋、清水 50 克，放入蒸锅内，用大火蒸 20 分钟取出备用。火腿切成小片。油菜心择洗干净，沥去水分，切成 3 厘米长的段。　②锅内放油烧热，下入葱段、姜片、蒜瓣（拍松）炝香，下入火腿片略炒，倒入淡菜及蒸淡菜的原汁炒开，烧到熟烂，收浓汤汁。拣出葱段、姜片、蒜瓣不用。　③下入油菜心段炒匀，加入精盐炒匀至熟，加鸡精、胡椒粉，用湿淀粉勾芡，出锅装盘即成。

【特点】　色泽美观，清爽脆嫩，味美咸鲜。

【提示】　油菜心段要用大火速炒。

【功效】　油菜心富含钙、铁、维生素 C、胡萝卜素等。淡菜富含优质蛋白质、钙、磷、铁、碘、维生素（B_1、B_2、B_{12}、D）等。火腿富含优质蛋白质、铁、磷、锌、B 族维生素等。三物同烹成菜，可为儿童提供身体所需的大量营养素，经常食用有益大脑及全身生长发育，促进儿童健康成长。

什锦油菜心

【原料】 油菜心 200 克，嫩玉米、胡萝卜、山药、香菇各 50 克，火腿 25 克，料酒 5 克，精盐 3 克，白糖 2 克，湿淀粉 10 克，鸡汤 500 克，火腿、花生油各 25 克。

【制法】 ①油菜心修剪整齐，洗净，沥去水分，从中间对剖成两条。胡萝卜、山药均洗净，去皮，切成小丁。香菇去蒂，洗净，挤去水分，与火腿均切成小丁。 ②锅内放入鸡汤 300 克，加入精盐 1.5 克烧开，下入油菜心，用大火烧开，煮至熟透捞出，沥去汤汁，根部朝外围摆在盘内。 ③锅内放油烧热，下入蒜末炝香，下入火腿丁略炒，下入香菇丁、料酒炒匀，加余下的鸡汤烧开，下入玉米、胡萝卜丁、山药丁，加入余下的精盐炒开，烧至熟烂，加白糖炒匀，用湿淀粉勾芡，出锅浇在盘内油菜心上即成。

【特点】 色形美观，滑嫩爽脆，咸香清新。

【提示】 勾芡不可过稠。

【功效】 油菜的营养丰富，含有大量的钙、铁、维生素 C、胡萝卜素等，是补钙、补铁佳蔬。所含维生素 C 不仅可促进人体对铁的吸收和利用，而且可增加机体免疫力，并具有健脑作用。嫩玉米富含糖类、胡萝卜素、维生素（E、B_1、B_2、B_6）等，所含多量的谷氨酸，能帮助和促进细胞进行呼吸，故有健脑作用。香菇营养丰富，含有大量钙、磷、铁、维生素（A、B 族、C、E）、优质蛋白质等，所含香菇多糖对儿童有增高增重，提高免疫力，增加血红细胞，明显提高智力等作用。诸物同烹成菜，儿童常食对大脑及身体发育均有好处，并有助个头长高。

草菇鸡片扒油菜

【原料】 油菜150克，草菇、净鸡肉各100克，料酒15克，蒜末、湿淀粉各10克，精盐、干淀粉各3克，鸡蛋清半个，鸡清汤600克，植物油20克，熟鸡油10克。

【制法】 ①草菇、鸡肉均切成片。鸡片用料酒5克、精盐0.5克拌匀腌渍入味，再用鸡蛋清、干淀粉拌匀上浆。油菜心从中间顺长剖开，下入350克烧沸的鸡清汤锅内，加入精盐1克烧开，焯透捞出，沥去汤汁。 ②锅内放植物油烧热，下入蒜末炝香，下入鸡片炒至断生，下入草菇片炒匀，加入余下的鸡清汤、料酒、精盐炒开，烧至熟烂，用湿淀粉勾芡，淋入熟鸡油。 ③焯熟的油菜摆入盘内，再将烧熟的草菇鸡片盛在盘内油菜上即成。

【特点】 色泽淡雅，柔滑脆嫩，咸香鲜美。

【提示】 油菜焯至熟透立即捞出，以保持其脆嫩的口感和翠绿的色泽。

【功效】 油菜富含蛋白质、脂肪、钙、磷、铁、维生素C、胡萝卜素、膳食纤维等。草菇营养比较全面，富含维生素C、钙、磷、铁、锌、人体必需的8种氨基酸等。鸡肉富含蛋白质、糖类、人体必需的8种氨基酸、磷、铁、铜、钙、锌、维生素（B_6、B_{12}、B_1、B_2、D、A）等。此菜可为儿童补充丰富的蛋白质、钙、磷、铁、锌、铜及B族维生素，尤其可为儿童补充丰富的维生素C，维生素C是提高脑功能极为重要的营养素，还能使高铁在肠中还原成低铁，以利于铁的吸收。维生素C还能促进体内抗体的形成，增加机体免疫力。

Ertong Yingyang Baojian Cai

鲜奶白菜泥

【原料】 嫩白菜心 300 克，熟芝麻 15 克，奶粉 20 克，鲜牛奶 50 克，精盐 1 克，奶油 10 克。

【制法】 ①芝麻放在案板上，用擀面杖反复擀压成碎末。白菜心洗净，放入蒸锅内，用大火蒸至熟烂取出，捣成泥。 ②白菜泥放入容器内，加入芝麻末、奶粉、精盐、奶油（化开），用筷子顺一个方向充分搅匀。 ③锅内放入鲜牛奶烧开，煮 1 分钟，出锅倒入白菜泥内搅匀，装盘即成。

【特点】 软烂稠滑，香甜可口，奶味浓郁。

【提示】 煮牛奶时火不能过大。

【功效】 白菜心富含钙质、维生素 C、胡萝卜素、膳食纤维等，可清热利尿，解毒养胃。芝麻是一种高铁、高钙、高蛋白的三高食品，所含不饱和脂肪酸是构成脑细胞的重要成分；所富含的维生素 E 可防止脑内产生过氧化物，防止大脑活力衰退；所富含的卵磷脂是大脑记忆保持旺盛不可缺少的物质。牛奶不但富含优质蛋白质、钙等，还富含维生素（A、D）有利于钙质吸收。儿童常食此菜对大脑及身体发育有益。

鸡丝炒白菜

【原料】 嫩白菜帮 200 克，蒜薹 75 克，料酒、葱姜汁各 15 克，精盐 3 克，白糖 2 克，湿淀粉 10 克，干淀粉 25 克，鸡蛋清 1/3 个，净鸡肉、植物油各 100 克。

【制法】 ①鸡肉洗净，沥去水分，切成丝，放入容器内，加入料酒 5 克、精盐 0.5 克拌匀腌渍入味，再加入鸡蛋清、干淀粉拌匀上浆。白菜帮洗净，切成丝。蒜薹掐去老根、子，洗净，切成3.5厘米长的段。　②锅内放油80克烧热，下入鸡丝滑炒至熟，出锅倒入漏勺。　③锅内放入余下的油烧热，下入蒜薹段、白菜丝煸炒至熟，下入鸡丝，加入葱姜汁、白糖、余下的料酒和精盐炒匀，用湿淀粉勾芡，出锅装盘即成。

【特点】　色泽淡雅，口感爽嫩，咸香鲜美。

【提示】　白菜帮要先横切成3.5厘米长的段，再顺切成均匀的丝。

【功效】　白菜富含钙、铁、维生素C、胡萝卜素等，可清热利尿，养胃解毒，所含维生素C可促进人体对铁的吸收和利用。鸡肉富含优质蛋白质、不饱和脂肪酸、钙、磷、铁、锌、维生素（B族、A、D、E）等，儿童常食可强壮筋骨，健脑益智。二物配以可温中健胃、解毒杀虫的蒜薹同烹成菜，儿童常食对大脑和身体发育有益，并有利个头长高。

糖醋白菜拌蜇丝

【原料】　嫩白菜心、海蜇皮各150克，莴笋75克，精盐2克，白糖30克，醋10克。

【制法】　①海蜇皮洗净，沥去水分，切成丝，放入容器内，加入沸水浸泡30分钟捞出，再用温水洗净，沥去水分。莴笋去皮，洗净，与洗净的白菜心切成丝。　②白菜心丝、莴笋丝均放入容器内，加入精盐拌匀，腌渍10分钟，滗去水分。③海蜇皮丝放入白菜心丝内，加入白糖、醋拌匀，装盘即成。

【特点】　色泽淡雅，口感脆嫩，甜酸鲜美。

【提示】　原料丝一定要切得粗细均匀。

【功效】　白菜心富含钙质，是补钙佳蔬，还富含维生素C、胡萝卜素、膳食纤维等，维生素C不仅可促进人体对铁的吸收和利用，而且也是提高脑功能极为重要的营养素。莴笋富

含钙、铁、维生素 C、胡萝卜素等，儿童常食对换牙、长牙有帮助。海蜇皮富含蛋白质、糖类、钙、铁、碘等，所含胆碱是神经细胞传递信息不可缺少的化学物质，可增强人的记忆力。诸物与糖醋同烹成菜，可为儿童补充身体生长发育所需的多种营养素，儿童常食可健脑益智，促进身体生长。

火腿白菜羹

【原料】 嫩白菜心150克，火腿50克，葱末、姜末各5克，料酒10克，精盐3克，白糖2克，湿淀粉30克，鲜牛奶200克，清汤500克，花生油20克。

【制法】 ①白菜心洗净，沥去水分，切成1厘米见方的丁。火腿切成细粒。 ②锅内放油烧热，下入葱末、姜末炝香，下入火腿粒略炒，烹入料酒炒匀，下入白菜心丁炒匀至变软，加清汤、精盐、白糖烧开，煮至熟烂。 ③加入牛奶烧开，煮2分钟，用湿淀粉勾芡，使汤汁呈稀糊状，出锅装碗即成。

【特点】 软烂稠滑，咸香味美，奶香浓郁。

【提示】 白菜丁要用大火煮烂。

【功效】 白菜心富含钙、维生素 C、胡萝卜素、膳食纤维等，所含维生素 C 可促进人体对铁的吸收和利用，维生素 C 也是提高脑功能极为重要的营养素。火腿富含优质蛋白质、铁、磷、锌、维生素（B族、E、D）等，维生素D可帮助钙质吸收。牛奶富含优质蛋白质、钙、磷、维生素（A、D）等，诸物同烹成菜，可为儿童提供大量优质蛋白质、钙、磷、锌、维生素（A、D）等，常食有助儿童身体长高。

骨汤蚌肉炖白菜

【原料】 嫩白菜250克，净贵妃蚌肉150克，粉丝30克，葱段、姜片各10克，料酒8克，精盐、鸡精各3克，猪大骨头汤500克，植物油20克。

【制法】 ①白菜切去老根，掰洗干净，沥去水分，先横切成3.5厘米长的段，再顺切成丝。贵妃蚌肉洗净，沥去水分。粉丝洗净。 ②锅内放油烧热，下入葱段、姜片炝香，下入贵妃蚌肉略炒，烹入料酒炒匀，下入白菜丝煸炒至出水、变软，继续炒至锅内水干，加入猪大骨头汤烧开，炖至蚌肉熟烂。 ③下入粉丝，加入精盐炖至熟透，加鸡精，出锅装碗即成。

【特点】 白菜爽嫩，蚌肉熟烂，汤醇香鲜。

【提示】 白菜丝入锅后要先用中火炒至变软，再改用大火将锅中的水炒干。

【功效】 白菜富含钙、维生素C、胡萝卜素、膳食纤维等，钙是构成骨骼和牙齿的主要成分，儿童体内缺钙，可出现鸡胸、驼背、骨质疏松、骨折、身矮、X形腿、O形腿及小儿出牙迟、换牙晚、牙齿稀疏等症状，严重影响儿童的健康成长。蚌肉富含优质蛋白质、钙、磷、维生素（A、B_1、B_2）等。二物配以含钙丰富的猪大骨汤同烹成菜，儿童常食在补钙、补磷的同时还可以补充其他营养成分，对儿童生长发育十分有益。

蚝香什锦白菜丝

【原料】 白菜心200克，水发海带、胡萝卜、水发木耳各50克，蚝油25克，精盐1克，白糖15克，醋8克。

【制法】 ①白菜心、胡萝卜、海带、木耳均切成丝。白菜

丝放入容器内，加入精盐拌匀腌渍10分钟，滗去水分。　②锅内放入清水烧开，下入海带丝烧开，煮5分钟，下入木耳丝、胡萝卜丝焯透，投凉捞出，沥去水分。　③海带丝、木耳丝、胡萝卜丝放入白菜丝内，加入蚝油、醋、白糖拌匀，装盘即成。

【特点】　色泽美观，咸鲜脆嫩，清爽利口。

【提示】　原料丝一定要切得粗细均匀。

【功效】　白菜富含钙、铁、钾、维生素（A、C）等，其中含有丰富的维生素C，有利于人体对铁的吸收。海带富含钙、磷、铁、碘、胡萝卜素等。木耳富含钙、铁。胡萝卜含有较丰富的钙、磷、铁和丰富的胡萝卜素等。蚝油含有较多的维生素D，有利于人体对钙的吸收。此菜可为儿童补充丰富的钙、铁，对儿童的骨骼、牙齿及大脑发育均十分有益，经常食用还可预防坏血病。

青笋豆干

【原料】　青笋225克，豆干125克，葱段、姜片、蒜瓣、湿淀粉各10克，料酒12克，精盐3克，白糖2克，牛肉、汤各50克，植物油30克。

【制法】　①青笋削去外皮，与牛肉、豆干均切成条。牛肉条用料酒5克、精盐0.5克拌匀腌渍入味，再用湿淀粉2克拌匀上浆。　②锅内放油烧热，下入葱段、姜片、蒜瓣（拍松）炝香，下入牛肉条炒至断生，拣出葱段、姜片、蒜瓣不用，下入豆干条炒匀。　③下入青笋条炒匀，加汤、余下的料酒和精盐炒匀至熟，加白糖，用余下的湿淀粉勾芡，出锅装盘即成。

【特点】　青笋脆嫩，豆干柔嫩，口味清新。

【提示】　原料条一定要切得粗细均匀。勾芡要薄。

【功效】　青笋富含铁、钙，可强筋骨，通血脉，儿童常吃莴笋，对换牙、长牙有帮助。豆干富含优质蛋白质、糖类、钙、磷、铁等，赖氨酸含量很高，还含有大量天门冬氨酸、谷氨酸、胆碱等，经常食用对智力和身体发育均十分有益。牛肉营养丰富，含全部种类的氨基酸，是高蛋白、低脂肪食物，并富含铁、磷、铜、锌、维生素（B族、A、D）等，是健脑食品，可补脾胃、益气血、强筋骨。此菜可为儿童补充丰富的营养素，经常食用对大脑、骨骼和牙齿发育均十分有益，并可增进食欲，防止贫血而出现智力迟钝。

蚝油莴笋炒香菇

【原料】　莴笋（去皮、叶）200克，水发香菇100克，干虾仁10克，蒜末8克，料酒、湿淀粉各5克，精盐3克，白糖2克，胡萝卜、汤各50克，植物油20克，香油15克。

【制法】　①莴笋洗净，沥去水分，切成菱形片。胡萝卜洗净，去皮，切成菱形片。香菇去蒂，洗净，挤去水分，抹刀切成片。干虾仁洗净，放入碗内，加汤浸泡至涨起。　②锅内放入植物油烧热，下入蒜末焓香，下入香菇片略炒，加入虾仁及泡虾仁的原汁炒开，烧至熟透。　③下入胡萝卜片、莴笋片，加入料酒、精盐、白糖炒匀至熟，用湿淀粉勾芡，淋入香油翻匀，出锅装盘即成。

【特点】　色泽美观，脆嫩柔滑，咸香鲜美。

【提示】　原料片一定要切得大小、薄厚均匀。

【功效】　莴笋富含钙、铁、维生素C、胡萝卜素等，可强筋骨，通血脉，小儿常吃莴笋对换牙、长牙有帮助。香菇富含优质蛋白质、钙、磷、铁、硒、维生素（A、B族、C、E）等，所含香菇多糖对儿童有增高增重，增强免疫力，增加血红细胞，明显提高智力等作用。胡萝卜富含胡萝卜素，在人体内可转化

为维生素 A，常食可保护视力，促进儿童生长发育，提高机体免疫力等作用。诸物同烹成菜，是儿童一款日常营养菜肴。

松仁莴笋叶

【原料】 莴笋叶 300 克，水发木耳、胡萝卜各 25 克，松子仁 50 克，醋 5 克，精盐 3 克，白糖 2 克，奶油 15 克，花生油 100 克。

【制法】 ①锅内放入花生油烧热，下入松子仁用小火炒熟，出锅倒入漏勺，沥去油，剥去外衣。莴笋叶择洗干净，沥去水分，切成 3 厘米长的段。胡萝卜洗净，去皮，切成菱形片。木耳去根，洗净，撕成小片。 ②锅内放入清水 500 克烧开，加入精盐 2 克，下入木耳片、胡萝卜片、莴笋叶段烧开，焯至熟烂捞出，沥去水分，晾凉。 ③将莴笋叶段、胡萝卜片、木耳片放入容器内，加入松子仁、醋、白糖、余下的精盐、奶油拌匀，装盘即成。

【特点】 色泽美观，笋叶爽嫩，咸鲜清新。

【提示】 松子仁入油锅时，油温有四成热即可。

【功效】 莴笋叶富含钙、铁、维生素 C、胡萝卜素等，可强筋骨，通血脉，小儿常食莴笋叶对换牙、长牙有帮助。木耳富含钙、铁，所富含的卵磷脂和脑磷脂对儿童智力开发有益。松子仁富含不饱和脂肪酸、蛋白质、糖类、挥发油、钙、磷、铁及多种维生素。奶油富含维生素 D，可帮助钙质吸收。儿童常吃此菜可养血补液，补脑强身，对骨骼和牙齿的发育也有促进作用。

蚝油笋叶鸡片

【原料】　嫩莴笋叶250克，净鸡肉100克，蒜末5克，料酒10克，精盐3克，白糖、干淀粉各2克，鸡蛋清1/3个，花生油150克，香油15克。

【制法】　①鸡肉洗净，沥去水分，抹分切成薄厚均匀的片，放入容器内，加入料酒、精盐1克拌匀腌渍入味，再加入鸡蛋清、干淀粉拌匀上浆。莴笋叶洗净，切成2厘米长的段。②锅内放入花生油烧至四成热，下入鸡片滑散至熟，出锅倒入漏勺，沥去油。锅内放入清水烧开，加入精盐1克，下入莴笋叶段烧开，焯至熟透捞出，沥去水分，晾凉。　③莴笋叶段放入容器内，加入鸡片、蒜末、白糖、余下的精盐、香油拌匀，装盘即成。

【特点】　色彩分明，滑嫩清爽，咸香清新。

【提示】　莴笋叶段要用大火焯制。

【功效】　莴笋叶富含钙、铁、维生素C、胡萝卜素等，可强筋骨，通血脉，儿童常食对换牙，长牙有帮助。鸡肉富含优质蛋白质、不饱和脂肪酸、钙、磷、铁、锌维生素（B族、E、A、D）等，可温中补脾，益气养血，强健筋骨，健脑益智。儿童常食此菜可补脑强身，增强记忆，对骨骼、牙齿发育有促进作用。

鸡片炒菠菜

【原料】　菠菜叶250克，净鸡脯肉100克，料酒10克，葱姜汁20克，精盐3克，白糖2克，湿淀粉5克，干淀粉2.5克，鸡蛋清1/3个，花生油30克。

【制法】 ①菠菜叶洗净，沥去水分。鸡肉洗净，沥去水分，切成片，用料酒5克、精盐0.5克拌匀腌渍入味，再用鸡蛋清、干淀粉拌匀上浆。 ②锅内放油烧热，下入鸡片炒至变色，烹入余下的料酒、葱姜汁炒开。 ③下入菠菜叶炒匀，加入白糖、余下的精盐炒匀至熟，用湿淀粉勾薄芡，出锅装盘即成。

【特点】 色彩分明，口感滑嫩，咸香清新。

【提示】 鸡肉要抹刀切成片。

【功效】 鸡肉富含优质蛋白质、不饱和脂肪酸、钙、磷、铁、锌、硒、维生素（B族、A、E、D）等，儿童常食有助于大脑和身体发育。菠菜含铁丰富，并富含胡萝卜素、维生素（C、E）等，儿童适当食用可防止因贫血而出现智力迟钝。二物同烹成菜，可为儿童补充生长发育所需的多种营养素，适当食用对儿童大脑和身体发育有益。

芦笋鸡丸

【原料】 芦笋250克，净鸡肉125克，鸡蛋清1个，精盐3克，白糖2克，蒜末、料酒、酱油、湿淀粉、葱姜汁、香油各10克，植物油500克。

【制法】 ①芦笋削去老皮，洗净，切成3厘米长的段。鸡肉洗净，沥去水分，剁成细末，加入葱姜汁、酱油、白糖、料酒5克、精盐1克、鸡蛋清，用筷子顺一个方向充分搅匀上劲至黏稠。 ②锅内放入植物油烧至五成热，将调好的鸡肉末挤成均匀的丸子，下入油锅中，用小火炸成金红色、浮起、熟透捞出，沥去油。 ③锅内留油20克，下入蒜末炝香，下入芦笋段煸炒至透，加入余下的料酒和精盐、清水15克煸炒至熟，下入鸡丸炒匀，用湿淀粉勾芡，淋入香油，出锅装盘即成。

【特点】 色彩分明，酥嫩爽脆，咸香清新。

【提示】 芦笋段要用大火炒制。

【功效】 芦笋营养全面而丰富，含有 17 种氨基酸，并富含维生素 C、胡萝卜素、糖类、钙、磷、铁、核酸等，能暖胃，增进食欲，消除疲劳，儿童常食有助大脑和骨骼、牙齿发育，并可保护视力。鸡肉富含优质蛋白质、不饱和脂肪酸、钙、磷、铁、锌、 维生素（B 族、A、D、E）等，可温中补脾，益气养血，强筋健骨，健脑益智，儿童常食有助于大脑和身体发育。二物同烹成菜，是儿童一款美味营养保健菜肴。

虾仁芦笋

【原料】 芦笋 250 克，鲜虾仁 125 克，葱末、姜末、蒜末各 5 克，料酒 12 克，精盐、鸡精各 3 克，湿淀粉 10 克，干淀粉 4 克，鸡蛋清半个，汤 15 克，花生油 100 克，熟鸡油 20 克。

【制法】 ①芦笋洗净，去老皮，切成 3 厘米长的段。虾仁洗净，沥去水分，用料酒 5 克、精盐 1 克拌匀腌渍入味，再用鸡蛋清、干淀粉拌匀上浆。 ②汤放碗中，加入湿淀粉、鸡精、余下的料酒和精盐调匀成芡汁。锅内放入花生油烧至四成热，下入虾仁滑散至熟，出锅倒入漏勺，沥去油。 ③锅内放入熟鸡油烧热，下入葱末、姜末、蒜末炝香，下入芦笋段煸炒至熟，下入虾仁炒开，烹入芡汁翻匀，出锅装盘即成。

【特点】 色彩鲜亮，细嫩爽脆，咸鲜清香。

【提示】 虾仁入油锅后要用筷子迅速拨散，以免粘连。

【功效】 虾仁富含优质蛋白质、维生素(A、E)、钙、磷、锌等，是上等健脑益智、强身健体食品。芦笋富含蛋白质、胡萝卜素、维生素（C、E、B_1、B_2、B_9）、膳食纤维等，是一种高营养蔬菜，钙、铁的含量也较丰富。二物同烹成菜，儿童常食有利于大脑和身体发育成长。

猪肉香菇烧扁豆

【原料】 猪瘦肉 100 克，水发香菇 75 克，蒜片 10 克，料酒 8 克，精盐 3 克，白糖 2 克，湿淀粉 13 克，扁豆荚、猪骨头汤各 200 克，植物油 30 克。

【制法】 ①扁豆荚择去两头尖角，洗净，斜切成 2 厘米长的段。香菇去蒂，洗净，切成小块。猪瘦肉洗净，切成片，用料酒、精盐 0.5 克拌匀腌渍入味，再用湿淀粉 3 克拌匀上浆。②锅内放油烧热，下入蒜片炝香，下入猪肉片炒至变色，下入扁豆荚段炒至变软。③下入香菇块炒匀，加入猪骨头汤、余下的精盐、白糖炒开，烧至熟烂，收浓汤汁，用余下的湿淀粉勾芡，出锅装盘即成。

【特点】 色泽淡雅，口感嫩滑，咸香清鲜。

【提示】 要用小火盖上锅盖焖烧，收汁时取下锅盖，改用大火。

【功效】 扁豆荚营养丰富，可为儿童提供大量的蛋白质、糖类、钙、磷、铁、维生素（B_1、B_2、B_5、C）等，可健脾和中，清暑解毒，常食还可增加机体免疫力。猪瘦肉富含优质蛋白质、铁、磷、锌、维生素（B族、A、E、D）等，可健脾益气，滋阴补血，常食可助长肌肉和促进身体发育。二物配以营养丰富的香菇同烹成菜，是儿童一款美味日常营养保健菜肴。

虾干炝西芹

【原料】 西芹 300 克，虾干 50 克，大蒜 10 克，精盐 3 克，白糖 2 克，花椒粒 10 粒，香油 20 克。

【制法】 ①虾干洗净，放入容器内，加入温水浸泡至回软捞出，沥去水分，切成丝。大蒜切成末。西芹去根、叶，洗净，沥去水分。　②锅内放入清水烧开，下入西芹，用大火烧开，焯至熟透捞出，放入冷水中投凉捞出，沥去水分，斜切成片，放入碗内，加入虾干丝拌匀。　③锅内放入香油烧热，下入洗净的花椒粒炸香，捞出花椒粒不用，花椒油倒入虾干西芹内，再加入精盐、白糖、蒜末拌匀，装盘即成。

【特点】　色泽美观，脆嫩咸鲜。

【提示】　西芹焯至断生即可捞出，以保持其翠绿的色泽和脆嫩的口感。

【功效】　西芹富含钙、铁、维生素 C、胡萝卜素、膳食纤维等，有健脑醒神，补钙壮骨，补铁补血等作用，儿童常食对生长发育有益。虾干富含优质蛋白质、钙、磷、维生素 A 等，是上等健脑益智、强身健体食品。二物与具有抗菌、消炎、健脑益智作用的大蒜同烹成菜，儿童经常食用可补充大脑营养，促进骨骼发育，增高增重，增强机体免疫力。

芹丁炒鲜贝

【原料】　芹菜200克，鲜贝100克，水发腐竹75克，葱段、姜片、蒜瓣各6克，料酒10克，精盐3克，白糖2克，湿淀粉5克，熟鸡油15克，植物油20克。

【制法】　①芹菜去根、叶，洗净，沥去水分，切成丁。腐竹洗净，切成丁。鲜贝洗净。　②锅内放入植物油、熟鸡油5克烧热，下入葱段、姜片、蒜瓣（拍松）炝香，下入芹菜段、腐竹段煸炒至八成熟，拣出葱段、姜片、蒜瓣不用。　③下入鲜贝，加入料酒、精盐、白糖翻炒至熟，用湿淀粉勾芡，淋入余下的熟鸡油，出锅装盘即成。

【特点】　芹丁脆嫩，贝肉鲜嫩，清新可口。

【提示】 要用大火炒制。

【功效】 芹菜营养比较丰富，既是补铁佳品，也是补钙佳蔬，并富含胡萝卜素和维生素（B族、P、C）等，可补血健脾，养精益气，健脑醒神，强壮筋骨。腐竹富含优质蛋白质、钙、磷、铁、B族维生素等，是豆制品中的高营养食品，常食有助于骨骼生长，促进大脑发育。鲜贝富含优质蛋白质、钙、磷及维生素，常食对儿童生长发育有益。三物同烹成菜，是儿童一款美味营养保健菜肴。

兰花三鲜

【原料】 西兰花、鱿鱼肉、扇贝肉各100克，蟹柳75克，料酒15克，醋2克，精盐、鸡精各3克，蒜末、湿淀粉各10克，汤50克，植物油30克。

【制法】 ①西兰花切成小块。蟹柳切成段。扇贝肉洗净。鱿鱼肉剞上十字花刀，再切成长方形的片，下入沸水锅中余透至卷起捞出。另将锅内放油烧热，下入蒜末炝香，下入扇贝肉煸炒，下入蟹柳段炒匀。 ②下入鱿鱼卷，烹入醋、料酒炒匀。③下入西兰花炒开，加汤、精盐、鸡精炒匀至熟，用湿淀粉勾芡，出锅装盘即成。

【特点】 色泽鲜亮，口感鲜嫩，口味鲜香。

【提示】 要用大火炒制，勾芡不要过稠。

【功效】 鱿鱼肉富含优质蛋白质、糖类、钙、磷、锌、碘、维生素（A、B_1、B_2、B_5）等，能滋补强身。扇贝肉含碘丰富，还含有大量优质蛋白质、糖类、锌、钙、磷、牛磺酸及多种维生素。蟹柳富含钙、磷、维生素（A、D、B_1、B_2）及十余种氨基酸等。西兰花富含蛋白质、糖类、钙、磷、铁、维生素（A、B族、C）等。此菜可为儿童补充大量优质蛋白质、钙、磷、碘、锌、维生素（A、B族、C、D）等多种有益于儿童大脑发育和利于身高体壮的营养物质，经常食用既可补充大脑营养，促进大脑发育，又可增高增重，提高机体免疫力。

蚝油枸杞拌双花

【原料】　西兰花200克，菜花150克，枸杞子10克，蚝油25克，精盐2克，白糖3克，醋5克，香油15克。

【制法】　①西兰花、菜花均洗净，沥去水分，切成块。枸杞子洗净，放入碗内，加入清水浸泡至透捞出，沥去水分。②锅内放入清水500克烧开，加入精盐，下入西兰花块、菜花块，用大火烧开，焯至熟透捞出，沥去水分。　③西兰花块、菜花块均放入容器内，加入枸杞子、蚝油、醋、白糖、香油拌匀，装盘即成。

【特点】　色彩分明，咸鲜清爽。

【提示】　切好的西兰花块、菜花块要放在淡盐水中浸泡一会儿，以便去除残留在上面的农药和菜虫。

【功效】　西兰花、菜花均富含蛋白质、脂肪、钙、磷、铁、糖类、维生素（C、B族、A）、膳食纤维等，可补脑髓，利脏腑，益心力，强筋骨。枸杞子富含多糖、胡萝卜素、维生素（B_2、C）、铁、钙等，可补肝肾，益精血，强筋骨。三物与营养丰富的蚝油同烹成菜，儿童常食可促进记忆，开发智力，增加身高和体重，并有助于牙齿发育。

三鲜菜花

【原料】　菜花250克，鲜香菇、净鸡肉各75克，蒜末10克，料酒15克，精盐3克，白糖2克，湿淀粉12克，鸡蛋清1

个，清汤 150 克，鲜虾仁、植物油各 30 克。

【制法】 ①鸡肉洗净，剁成末，放入容器内，加入 2/3 鸡蛋清、料酒 5 克、精盐 0.5 克，用筷子顺一个方向充分搅匀上劲至黏稠，用手挤成直径 2 厘米的丸子，下入清水锅中煮熟捞出，沥去水分。虾仁洗净，沥去水分，用料酒 5 克、精盐 0.5 克、湿淀粉 2 克、余下的鸡蛋清拌匀入味上浆。香菇去蒂，洗净。菜花洗挣，切成小块。 ②锅内放入清水烧开，下入香菇用大火焯透捞出，沥去水分。另将锅内放油烧热，下入蒜末炝香，下入虾仁炒至变色，烹入余下的料酒炒匀。 ③下入菜花块、香菇，加入余下的精盐、白糖、清汤炒开，烧至熟透，下入鸡丸炒匀，烧至汤汁将尽，用余下的湿淀粉勾芡，出锅装盘即成。

【特点】 菜花爽嫩，香菇柔滑，咸香鲜美。

【提示】 鸡丸要用小火煮制。

【功效】 菜花富含维生素 C，维生素 C 可促进人体对铁的吸收和利用，可提高机体免疫力，也是提高脑功能极为重要的营养素，儿童常吃菜花有助于大脑及骨骼发育。香菇富含优质蛋白质、钙、磷、铁、锌、硒、维生素（A、B 族、C、E）等，儿童常食可增高增重，提高免疫力，增加血红细胞，明显提高智力。鸡肉、虾仁均富含儿童生长发育不可缺少的优质蛋白质。诸物同烹成菜，儿童常食有助于健脑强身，促进个头长高。

鸡丝黄花汤

【原料】 鲜黄花菜、净鸡肉各 150 克，蒜末 10 克，料酒 15 克，精盐 3 克，白糖 2 克，湿淀粉 5 克，汤 600 克，植物油 25 克。

【制法】 ①鸡肉切成丝，用料酒 5 克、精盐 1 克拌匀腌渍入味，再加入湿淀粉拌匀上浆。黄花菜下入沸水锅中焯透捞出。另将锅内放油烧热，下入蒜末炝香，下入鸡丝炒熟。 ②加汤、余下的料酒、白糖烧开，煮3分钟。　③下入黄花菜，加入余下的精盐烧开，煮3分钟，出锅装碗即成。

【特点】　鸡丝滑嫩，黄花软嫩，汤鲜味醇。

【提示】　黄花菜一定要焯至熟烂，以免引起食物中毒。

【功效】　黄花菜含有丰富的蛋白质、钙、铁、维生素（B_1、E）、胡萝卜素等，被日本医学家列为8种健脑食品之首。鸡肉富含优质蛋白质、不饱和脂肪酸、磷、铁、铜、钙、锌、维生素（B_{12}、B_6、B_1、B_2、D、A）等，是健脑佳品。此菜可为儿童补充丰富的蛋白质、维生素（B族、E）及多种无机盐等，常吃对大脑和骨骼发育均十分有益。

鸡兔肉炒蕹菜

【原料】　蕹菜200克，净兔肉、净鸡肉各50克，胡萝卜75克，精盐3克，湿淀粉、干淀粉各5克，鸡蛋清半个，料酒、汤各15克，花生油25克，蒜末、熟鸡油各10克。

【制法】　①蕹菜切成段。胡萝卜去皮，切成菱形片。兔肉、鸡肉均抹刀切成片，用料酒10克、精盐0.5克拌匀腌渍入味，再用鸡蛋清、干淀粉拌匀上浆。　②锅内放花生油烧热，下入蒜末炝香，下入兔片、鸡片炒至断生，烹入余下的料酒炒匀，下入胡萝卜片炒开，加汤炒匀至微熟。　③下入蕹菜段炒匀，加入余下的精盐炒熟，用湿淀粉勾芡，淋入熟鸡油翻匀，出锅装盘即成。

【特点】　色泽油亮，色彩分明，口感滑嫩，咸香鲜美。

【提示】　肉片要用小火炒制，下入蕹菜段后改用大火速炒。

【功效】　兔肉、鸡肉均富含蛋白质、人体必需的氨基酸、钙、磷、铁、锌及多种维生素，经常食用可增强体质，健脑益智。蕹菜富含钙、磷、铁、胡萝卜素、维生素C等，胡萝卜素在人体内可转化为维生素A，对儿童有保护视力，保护上皮组

织，促进骨骼与牙齿的正常发育，增强机体免疫力等作用。胡萝卜富含胡萝卜素、维生素（C、E）、钙、磷、铁、糖类等，可健脾消食，增强体质。儿童常吃此菜，可促进生长，增强身体免疫力，保证健康。

牡蛎炒韭菜

【原料】　韭菜200克，净牡蛎肉100克，鸡蛋1个，枸杞子5克，姜丝4克，料酒10克，醋1克，精盐、鸡精各3克，花生油50克。

【制法】　①牡蛎肉洗净，沥去水分。鸡蛋磕入碗内，加入精盐0.5克，用筷子充分搅打均匀。韭菜择洗干净，切成3厘米长的段。枸杞子洗净。　②锅烧热，加油30克烧热，倒入鸡蛋液煎熟成均匀的片，出锅倒入漏勺，沥去油。　③锅内放余下的油烧热，下入姜丝炝香，下入枸杞子、牡蛎肉炒开，烹入醋、料酒炒匀，下入韭菜段炒熟，加入鸡蛋片、鸡精、余下的精盐炒匀，出锅装盘即成。

【特点】　柔嫩爽脆，咸鲜清香。

【提示】　要用大火速炒。

【功效】　韭菜富含钙、铁、维生素C、胡萝卜素、膳食纤维等，是补钙佳蔬。所含丰富的钾是传输大脑信息不可缺少的能源，体内钾不足可使人昏昏欲睡。牡蛎肉营养丰富，可为儿童提供大量优质蛋白质、锌、钙、磷及多种维生素。鸡蛋富含的维生素D可帮助钙质吸收。三物配以可促生长、治失眠的枸杞子同烹成菜，儿童常食对大脑及身体发育均有促进作用，并有助于身体长高。

海红炒韭薹

【原料】 韭薹 300 克，净海红肉 100 克，鸡蛋 1 个，姜丝 5 克，料酒 10 克，醋 2 克，精盐、鸡精各 3 克，湿淀粉 6 克，植物油 50 克。

【制法】 ①韭薹择去老根、韭子，洗净，沥去水分，切成 3 厘米长的段。海红肉洗净，沥去水分。鸡蛋磕入碗内，加入精盐 0.5 克用筷子充分搅打均匀。 ②锅内放入清水 300 克烧开，加入醋，下入海红肉烧开，余透捞出，沥去水分。另将锅内放油 30 克烧热，下入鸡蛋液煎熟成均匀的片，出锅倒入漏勺，沥去油。 ③锅内放入余下的油烧热，下入姜丝炝香，下入韭薹段煸炒至微熟，下入海红肉、料酒、余下的精盐、鸡精炒匀至熟，下入鸡蛋片，加湿淀粉勾芡，出锅装盘即成。

【特点】 色泽鲜亮，鲜嫩爽脆，咸鲜清香。

【提示】 鸡蛋要用热油、大火煎熟。

【功效】 韭薹富含钙、磷、铁、胡萝卜素、维生素 C 等，钙是构成骨骼和牙齿的主要成分，儿童体内缺钙会导致牙齿发育不良、心律不齐、手足抽搐，血凝不正常，最常见的表现有鸡胸、驼背、骨质疏松、骨质增生、骨折、换牙晚、牙齿稀疏、身材矮小、X 形腿、O 形腿等。海红肉富含优质蛋白质、钙、磷、铁等。二物同烹成菜，儿童经常食用有利于身体长高，并有补脑益智作用。

鱿丝蒜薹

【原料】 蒜薹 175 克，净鱿鱼肉 125 克，猪瘦肉 50 克，精盐、鸡精各 3 克，白糖、醋各 2 克，胡椒粉 0.5 克，料酒、湿

淀粉各 10 克，汤、植物油各 30 克。

【制法】 ①蒜薹切成段。鱿鱼、猪瘦肉均切成丝。猪肉丝用料酒 5 克、精盐 0.5 克拌匀腌渍入味，再用湿淀粉 2 克拌匀上浆。 ②锅内放油烧热，下入猪肉丝炒至断生，下入鱿鱼丝炒匀，烹入醋、余下的料酒炒开。 ③下入蒜薹段炒匀，加汤、白糖、余下的精盐翻炒至熟，加鸡精、胡椒粉，用余下的湿淀粉勾芡，出锅装盘即成。

【特点】 蒜薹脆嫩，双丝滑嫩，咸香鲜美。

【提示】 原料丝一定要切得粗细均匀。

【功效】 蒜薹含大蒜辣素、蛋白质、糖类、脂肪、钙、磷、铁、挥发油等，可解毒抗菌，健胃消食，所含蒜胺能帮助分解葡萄糖，促进大脑对葡萄糖的吸收，有健脑作用。鱿鱼富含蛋白质、糖类、钙、磷、碘等，并富含维生素（B_1、B_2、B_5、A），可滋补强身，促进发育。猪瘦肉富含优质蛋白质、铁、磷、锌、维生素（B 族、D、E）等，可滋养健身，促进发育。此菜可为儿童补充丰富的优质蛋白质、糖类、钙、磷、铁、锌及多种维生素等，经常食用可健脾胃，长肌肉，壮骨骼，补脑髓，有助于儿童健康成长。

青椒鸭脯

【原料】 青椒 200 克，净鸭脯肉 150 克，胡萝卜 20 克，姜片、蒜片各 5 克，料酒 10 克，精盐 3 克，白糖 2 克，湿淀粉 13 克，汤 15 克，植物油 350 克。

【制法】 ①青椒去蒂、去子，洗净，切成菱形小块。胡萝卜洗净，去皮，切成菱形片。鸭脯肉洗净，沥去水分，切成片，用料酒 5 克、精盐 0.5 克拌匀腌渍入味，再用湿淀粉 3 克拌匀上浆。 ②汤放入碗内，加入白糖和余下的料酒、精盐、湿淀粉调匀对成芡料。锅内放油烧至四成热，下入鸭肉片滑散至熟，倒入漏勺，沥去油。　③锅内放油20克烧热，下入姜片、蒜片炝香，下入胡萝卜片炒匀，下入青椒片炒熟，下入鸭脯片炒匀，烹入芡汁翻匀，出锅装盘即成。

【特点】　色调明快，脆嫩柔滑，咸香清新。

【提示】　鸭片入油锅后要用筷子迅速拨散，以免粘连，用中小火滑制。

【功效】　青椒富含钙、维生素 C 等，可温中补脾，健胃消食；所富含的维生素 C 可促进人体对鸭肉中铁的吸收和利用，并可提高机体免疫力；维生素 C 也是提高大脑功能不可缺少的营养素。鸭肉营养比较全面，可为儿童提供大量的优质蛋白质、不饱和脂肪酸、铁、磷、锌、维生素（B 族、A、E、D）等，常食有助于儿童大脑及身体发育。二物同烹成菜，儿童常食可补充大脑营养，促进大脑发育，防止因贫血而出现智力迟钝。

蛋奶土豆泥

【原料】　土豆300克，鸡蛋1个，奶粉20克，牛奶150克。

【制法】　①土豆洗净，放入锅中，加入清水，盖上锅盖，煮至熟透捞出，沥去水分，剥去皮。鸡蛋磕入容器内搅散成鸡蛋液。　②土豆趁热放在案板上，用刀压成细泥，放入容器内，加入奶粉搅匀。　③锅内放入牛奶烧开，淋入鸡蛋液，用筷子顺一个方向充分搅匀，烧开，煮2分钟，出锅倒入土豆泥内搅匀，装盘即成。

【特点】　柔软稠滑，奶香扑鼻。

【提示】　煮土豆的清水以没过土豆3厘米为宜。

【功效】　土豆含有较多的钙、维生素（A、C）等，还含有大量的果胶，可健脾益胃，益气和中。鸡蛋富含优质蛋白质、铁、钙、磷、锌、维生素（A、E、B族、D）、卵磷脂等，维生素D有利于钙的吸收。卵磷脂是大脑记忆保持旺盛不可缺少的物质。牛奶富含优质蛋白质、钙、磷、维生素（A、C）等，对儿童的生长发育有利。儿童常吃此菜对大脑和身体生长发育有益，并有助于个子长高。

金钩冬瓜炖花肉

【原料】　冬瓜350克，猪五花肉100克，干虾仁20克，葱段、姜片各10克，料酒8克，精盐2克，胡椒粉0.5克，白糖3克。

【制法】　①冬瓜去皮、瓤，切成片。猪五花肉洗净，切成薄片。锅内放入清水，下入干虾仁、葱段、姜片烧开，煮至虾仁回软，拣出葱段、姜片不用。　②下入冬瓜片，加入料酒烧开，煮至微熟。　③下入肉片，加入精盐、白糖、胡椒粉烧开，煮熟，出锅装碗即成。

【特点】　色泽淡雅，口感细嫩，汤宽味鲜。

【提示】　冬瓜片一定要切得薄厚均匀。

【功效】　冬瓜富含维生素（B_1、B_2、C）、糖类等，维生素 B_1 能促进糖的代谢，保护神经系统，增强消化功能，促进儿童生长发育；维生素 B_2 可促进儿童食欲和生长发育；维生素C可促进人体对铁的吸收和利用，也是提高脑功能极为重要的营养素，并可增强机体对疾病的抵抗力。虾仁、猪肉均富含优质蛋白质、钙、磷等，是儿童大脑和身体发育不可缺少的营养物质。三物同烹成菜，是儿童一款强身健体，增高增重，健脑益智菜肴。

蚝油双鲜烧冬瓜

【原料】　冬瓜（去皮、瓤）250克，水发香菇100克，干虾仁25克，蒜末、姜末各5克，料酒10克，醋1克，精盐3克，白糖2克，湿淀粉8克，汤150克，植物油30克。

【制法】　①冬瓜洗净，沥去水分，切成3.5厘米长、1厘米见方的条。香菇去蒂，洗净，切成1厘米宽的条。干虾仁洗净。　②锅内放油烧热，下入蒜末、姜末炝香，下入干虾仁略炒至出鲜香味，烹入料酒、醋炒匀，下入香菇条炒开，加汤，烧至熟透。　③下入冬瓜条，加入精盐、白糖炒开，烧至熟烂，用湿淀粉勾芡，出锅装盘即成。

【特点】　冬瓜爽嫩，香菇柔滑，味美咸鲜。

【提示】　要用小火烧制，勾芡一定要薄。

【功效】　冬瓜富含维生素（B_1、B_2、C），维生素B_1可预防神经衰弱，记忆力减退，思维迟钝；维生素C可促进人体对铁的吸收和利用，可提高机体免疫力，也是提高脑功能十分重要的营养素。香菇营养十分丰富，可为儿童提供大量优质蛋白质、钙、磷、铁、锌、硒、维生素（A、B族、C、E）等，常食可提高免疫力，提高智力，增加身高和体重。二物配以可增强体质、健脑益智的虾仁同烹，是儿童一款美味营养保健菜肴。

蚝油鸭肉酿苦瓜

【原料】　苦瓜400克，净鸭肉150克，水发木耳25克，葱末、姜末、酱油各5克，蚝油20克，料酒15克，精盐3克，白糖2克，湿淀粉10克，鸡蛋清1个，清汤150克，熟鸡油8克，植物油12克。

【制法】 ①苦瓜洗净，切去两头，再横切成1.5厘米长的段，挖净瓜瓤，放入容器内，加入精盐1.5克拌匀，腌渍15分钟，滗去水分。鸭肉洗净，沥去水分，木耳去根、洗净，分别剁成末。 ②鸭肉末放入容器内，加入木耳末、葱末、姜末、料酒10克、余下的精盐、白糖、鸡蛋清、植物油、清汤25克，用筷子顺一个方向充分搅匀上劲至黏稠，逐一酿入苦瓜段内，摆入盘中，入蒸锅用大火蒸至熟透取出，码摆在盘中。 ③锅内放余下的清汤，加入蚝油、酱油、余下的料酒烧开，用湿淀粉勾芡，淋入熟鸡油炒匀，出锅浇在盘内苦瓜段上即成。

【特点】 色泽油亮，外脆内嫩，咸香鲜美。

【提示】 酿入鸭肉末的苦瓜段要切口朝上摆入盘中，入锅蒸制。

【功效】 鸭肉营养比较全面，可为儿童提供大量的优质蛋白质、不饱和脂肪酸、铁、磷、锌、维生素（B族、A、E、D）等，常食有助于儿童大脑及身体发育。苦瓜富含维生素C、钙、磷、铁等，可清热解暑，明目解毒。二物配以营养丰富的蚝油同烹成菜，儿童常食可促进大脑和身体发育，有利个子长高。

松仁毛豆烩玉米

【原料】 熟玉米粒100克，毛豆、熟松子仁、胡萝卜各50克，葱段、姜片、白糖各10克，料酒8克，精盐2克，湿淀粉15克，鸡汤500克，植物油20克。

【制法】 ①胡萝卜削去外皮，切成丁。锅内放油烧热，下入葱段、姜片炝香，拣出葱段、姜片不用。 ②下入毛豆略炒，下入胡萝卜丁炒匀，加鸡汤、料酒烧开，烩至熟烂。 ③下入玉米粒及松子仁，加入精盐、白糖烧开，用湿淀粉勾芡，出锅装碗即成。

【特 点】　色彩多样，软烂稠滑，咸甜鲜香。

【提 示】　湿淀粉要先用清水澥开成稀糊状，再徐徐倒入锅内，并用手勺搅匀成稀糊状。

【功 效】　嫩玉米含糖丰富，所含多量的谷氨酸，能帮助和促进细胞进行呼吸，故有健脑作用。毛豆富含糖类、优质蛋白质等，所含卵磷脂是大脑增强记忆不可缺少的物质。松子仁饱含高效油脂和糖类，具有养血补液，补脑强身之功效。胡萝卜富含糖类、胡萝卜素等。此菜含糖丰富，是儿童补糖菜肴。

琥珀核桃仁

【原 料】　核桃仁300克，白糖100克，精盐2克，花生油800克。

【制 法】　①锅内放入清水，下入核桃仁，加入精盐烧开，煮至入透味捞出，沥去水分。　②锅内放油烧至五成热，下入核桃仁炸酥捞出，沥去油。　③锅内放入清水100克，下入白糖熬煮至汤汁黏稠，下入核桃仁翻匀，出锅装盘即成。

【特 点】　香酥甜润，诱人食欲。

【提 示】　核桃仁要用小火煮制，使其充分入味。

【功 效】　核桃仁含丰富的脂肪，主要成分是不饱和脂肪酸中的亚油酸、亚麻酸和油酸甘油酯，还含蛋白质、糖类、钙、磷、铁、锌、硒、胡萝卜素、维生素 E 等，其脂肪非常适合大脑的需要，因此能迅速改善儿童的智力，是良好的健脑食品。此菜可为儿童补充大量的脂肪和糖，脂肪是构成机体组织细胞的重要成分，又是人体热能的主要来源，还是脑细胞的重要组成部分，是健脑的首要物质。

儿童营养保健菜

什锦果肉羹

【原料】 苹果、白梨、番茄、香蕉、冰糖各50克，山楂30克，葡萄干15克，蜂蜜、湿淀粉各25克。

【制法】 ①苹果、白梨均去蒂、去皮、去核，洗净，切成丁。番茄去蒂，洗净，香蕉去皮，山楂去蒂、去子，洗净，均切成丁。葡萄干洗净。 ②锅内放入清水700克，下入葡萄干、冰糖烧开，下入番茄丁、苹果丁、白梨丁、山楂丁、香蕉丁烧开，煮至熟烂。 ③加入蜂蜜搅匀，用湿淀粉勾芡，出锅装盘即成。

【特点】 软嫩柔滑，黏稠甜酸。

【提示】 湿淀粉要先用清水25克调匀成稀糊。

【功效】 苹果富含锌、糖类、钙、磷、铁、钾、胡萝卜素、果胶等。白梨富含维生素、无机盐、有机酸、糖类等。葡萄干富含糖类、铁、有机酸等。香蕉富含钙、磷、铁、钾、锰及多种维生素等。山楂富含维生素C、胡萝卜素、钙、黄酮类、有机酸等。此羹可为儿童补充丰富的维生素、无机盐，常食可补充大脑和身体发育所需要的多种营养素，有利于儿童健康发育成长。

蜜汁什锦

【原料】 苹果200克，嫩玉米75克，胡萝卜50克，葡萄干、豌豆、蜂蜜各30克，精盐2克，枸杞子、柠檬汁各10克。

【制法】 ①苹果去皮、核，胡萝卜去皮，均切成丁。枸杞子、葡萄干、豌豆、嫩玉米均洗净。 ②锅内放入清水，加入精盐烧开，下入嫩玉米、豌豆，煮至微熟，下入胡萝卜丁烧开，煮至熟烂捞出，沥去水分。 ③嫩玉米、豌豆、胡萝卜丁均放入容器内，加入苹果丁、葡萄干、枸杞子、柠檬汁、蜂蜜拌匀，装盘即成。

【特 点】　色彩多样，爽嫩酸甜，诱人食欲。

【提 示】　苹果、胡萝卜均切成嫩玉米粒大小的丁。

【功 效】　苹果含糖丰富，还含大量的锌。嫩玉米含糖丰富，所含多量的谷氨酸，能帮助和促进细胞进行呼吸，有健脑作用。葡萄干富含葡萄糖、有机酸、氨基酸、维生素，对大脑神经有补益和兴奋作用。豌豆、枸杞子均富含糖类。此菜可为儿童补充大量的糖类，对儿童大脑细胞的迅速增殖和整个神经系统的发育，都有促进作用。

儿童营养保健菜

金盾版图书,科学实用,
通俗易懂,物美价廉,欢迎选购

食疗养生汤羹粥大全	36.00 元	(第四次修订版)	29.00 元
常见病食疗家常菜	28.00 元	中国南北名主食	30.00 元
常见病食疗主食	28.00 元	中国南北名火锅	24.50 元
常见职业病食疗菜谱	11.00 元	馋人肉菜	15.50 元
白领巧做菜	20.00 元	滋补禽肉菜	15.50 元
中老年补钙食疗菜谱	34.00 元	香鲜蛋品菜	15.50 元
家庭蔬菜烹调 350 种		鲜美水产品菜	15.50 元
(第三次修订版)	18.00 元	美味豆制品菜	15.50 元
家庭四季美味快餐		养生汤羹粥	15.50 元
(修订版)	15.00 元	爽口凉菜	15.50 元
美味鸡肉菜	12.00 元	诱人主食	15.50 元
特色创新菜	10.00 元	美味家常菜 320 例(修订版)	15.00 元
馅类美食制作	14.50 元	小餐馆新口味菜	13.00 元
大米美食制作 360 例	15.00 元	早餐食谱(修订版)	15.00 元
教你制作美味鱼	15.00 元	孕产妇食谱(修订版)	14.00 元
时尚蔬菜	15.50 元	酒楼旺销冷盘	19.00 元
富贵病患者食谱	10.00 元	大众美味烧烤	30.00 元
儿童营养保健菜	12.00 元	家庭凉拌菜(修订版)	23.00 元
青少年健脑益智菜	12.00 元	实用面点制作技术	15.00 元
民族特色主食精品制作	21.00 元	实用烹饪手册	29.00 元
硬笔楷书间架结构优化字贴	7.50 元	四川泡菜 200 种	11.00 元
规范字硬笔楷书技法	13.00 元	名优酱菜腌菜家庭制法	

以上图书由全国各地新华书店经销。凡向本社邮购图书或音像制品,可通过邮局汇款,在汇单"附言"栏填写所购书目,邮购图书均可享受 9 折优惠。购书 30 元(按打折后实款计算)以上的免收邮挂费,购书不足 30 元的按邮局资费标准收取 3 元挂号费,邮寄费由我社承担。邮购地址:北京市丰台区晓月中路 29 号,邮政编码:100072,联系人:金友,电话:(010)83210681、83210682、83219215、83219217(传真)。